TURING 图灵程序
设计丛书

白话
机器学习的数学

[日] 立石贤吾 著　郑明智 译

U0300137

人民邮电出版社
北　京

图书在版编目（ＣＩＰ）数据

白话机器学习的数学 / （日）立石贤吾著 ；郑明智
译. -- 北京 ：人民邮电出版社，2020.6
（图灵程序设计丛书）
ISBN 978-7-115-53621-1

Ⅰ. ①白… Ⅱ. ①立… ②郑… Ⅲ. ①机器学习－应
用－数学教学 Ⅳ. ①TP181②O1

中国版本图书馆CIP数据核字(2020)第045906号

内 容 提 要

本书通过正在学习机器学习的程序员绫乃和她朋友美绪的对话，结合回归和分类的具体问题，逐步讲解了机器学习中实用的数学基础知识。其中，重点讲解了容易成为学习绊脚石的数学公式和符号。同时，还通过实际的 Python 编程讲解了数学公式的应用，进而加深读者对相关数学知识的理解。

本书适合对机器学习感兴趣、想要从事机器学习相关研究，但是对机器学习相关数学知识感到棘手的读者阅读。

◆ 著　　　　[日] 立石贤吾
　　译　　　　郑明智
　　插　　画　Hazakumi
　　版式设计　霜崎绫子
　　责任编辑　高宇涵
　　责任印制　周昇亮
◆ 人民邮电出版社出版发行　　北京市丰台区成寿寺路 11 号
　　邮编　100164　电子邮件　315@ptpress.com.cn
　　网址　https://www.ptpress.com.cn
　　固安县铭成印刷有限公司印刷
◆ 开本：880×1230　1/32
　　印张：8.5　　　　　　　　2020 年 6 月第 1 版
　　字数：262 千字　　　　　2025 年 3 月河北第 21 次印刷
　　著作权合同登记号　图字：01-2018-5347 号

定价：59.00 元
读者服务热线：(010)84084456-6009　印装质量热线：(010)81055316
反盗版热线：(010)81055315

版 权 声 明

本书相关网址

http://www.ituring.com.cn/book/2636

通过该网址可下载书中的源代码。

此外，该网址还提供了关于本书的补充信息、勘误等，敬请参考。

- 本书记载的软件或服务的版本、URL 等都是 2017 年 8 月撰写时的信息。这些信息可能会发生变更，敬请知悉。

- 本书记载的内容仅以提供信息为目的，请读者完全基于个人的责任和判断使用本书。

- 本书出版之际，我们力求内容准确，但原书作者、译者及出版社均不对本书内容做任何保证，对于由使用本书内容所产生的任何后果概不负责，敬请知悉。

- 本书中出现的公司名称、产品名称为各公司的商标或注册商标，正文中一概省略 TM 和 ® 等标识。

前　言

"机器学习"这个词受到人们的关注已经很久了。我想有很多人对机器学习到底是什么、使用机器学习能做什么等很感兴趣。机器学习如此兴盛的背后有多种因素，但主要是因为现在世界各地都有人在开发机器学习专用的程序库，方便又多样的数据集也能唾手可得。一个人即使不懂理论知识，只要准备好程序库和数据集，再写上几行代码就可以制作出有模有样的东西。机器学习的入门门槛确实降低了，我们可以一边自己动手写一些代码，一边学习机器学习。

但是，一直使用一个不知道原理的"黑盒"，大家的心情估计不会太好吧。虽说有些非常好用的库使人无须知道理论就可以开始编程，但是对有些人，尤其是程序员来说，使用不知道内部做了什么的东西时总会感到有些不放心。如果就这样开始学习机器学习，那么到后面很可能会因为太难而学不下去。

本书的读者对象是对机器学习感兴趣、想要学习其理论知识的程序员。通过阅读本书的出场人物——程序员绫乃和她的朋友美绪的对话，读者将轻松理解机器学习的理论，并和她们一起学习下去。许多面向初学者的书都会尽量避免数学表达式的出现，但在本书中表达式随处可见，其中也有一些看起来有点难的表达式。不过，读了绫乃和美绪的对话后大家自然能够理解表达式的意思。此外，为了帮助那些忘记高中数学知识的读者复习，本书在正文之外特别制作了专门讲解数学基础知识的附录，所以请大家不要担心，放心阅读本书。

本书讲解的基础知识非常实用，大家在掌握这些知识之后，既可以加深对程序库内部机制的理解，也可以去实现机器学习的算法，还可以去阅读最新的论文，总之可以自由尝试各种实践。接下来，就让我们与绫乃和美绪一起开始机器学习的学习之旅吧。

致谢

　　非常感谢为机器学习的研究和开发做出贡献的所有人。正是由于他们的贡献，机器学习才得以发展，才能有这本书的诞生。LINE 公司 Data Labs 的桥本泰一先生和 GMO Pepabo 公司 Pepabo 研究所的三宅悠介先生对这本书进行了审阅，并提出了宝贵的建议。我想在此表示对二位的感谢。我还要感谢 Mynavi 出版社的伊佐知子女士，在本书从策划到完成写作的半年里，她一直在帮助无所适从的我。最后我要感谢在本书写作期间一直支持和鼓励我的妻子和我们的两个孩子，你们是我最爱的人，我要把这本书献给你们。

立石贤吾

2017 年 8 月

各章概要

第1章 开始二人之旅

将简要地介绍为什么机器学习越来越受人们的关注，以及使用机器学习能够做什么事情。此外，也会简单地讲解回归、分类、聚类等算法。

第2章 学习回归——基于广告费预测点击量

以"根据投入的广告费来预测点击量"为题材，学习回归。我们先利用简单的例子来思考为了预测需要引入什么样的表达式，然后考虑如何才能使它接近最适合的结果。

第3章 学习分类——基于图像大小进行分类

以"根据图像的大小，将其分类为纵向图像和横向图像"为题材，学习分类。

与第2章一样，我们首先考虑为了实现分类需要引入什么样的表达式，然后考虑如何才能使它接近最适合的结果。

第4章 评估——评估已建立的模型

将检查在第2章和第3章中考虑的模型的精度。我们将学习如何对模型进行评估，以及用于评估的指标有哪些。

第5章 实现——使用 Python 编程

根据从第2章到第4章学到的内容，使用 Python 进行编程。读了这一章以后，我们就能知道如何把前面用表达式思考的内容编写为代码了。

附录

补充了没能在正文的5章中介绍的数学相关知识，请根据需要参考使用。这些知识包括：求和符号和求积符号、微分、偏微分、复合函数、向量和矩阵、几何向量、指数、对数、Python 环境搭建、Python 的基础知识和 NumPy 的基础知识。

目录

目录

目 录

出场人物介绍

绫乃

    听从公司上司的建议，正在学习机器学习的程序员。做事很认真，偶尔会得意忘形。24 岁，很喜欢吃点心。

美绪

    从大学时就是绫乃的朋友。大学的专业是计算机视觉。不会拒绝绫乃的请求。也喜欢吃甜食。

第1章

开始二人之旅

绫乃正在找美绪商量什么事情。

好像是因为上司对她说了一句"有时间你学一下机器学习",

但是她不知道要学什么、该怎么学,

所以来找美绪商量该怎么办。

我们去看看她们都聊了些什么吧。

1.1 | 对机器学习的兴趣

 我想学机器学习，但是我连要学什么、该怎么学都不知道……

 所以你来找我商量？

 是呀。美绪你上学的时候不是研究过机器学习嘛，我那时候就觉得你好厉害，所以来向你讨教啦。

 我实际上做的是计算机视觉的研究哦，只是做研究的时候用到过机器学习。

 不管是计算机视觉还是机器学习，光听这两个术语就觉得好难啊。还有，介绍机器学习的文章里不是经常会出现数学表达式吗？那些表达式的意思我也不明白……

 确实有很多数学表达式。不过，对于机器学习中比较基础的部分，我们只要一个一个地慢慢理解那些表达式的含义，也就不难了。

 美绪，你数学也很拿手吧？但是我不擅长数学，所以来请教你，由你来讲解的话我应该能听得懂……

 数学表达式本来就是很方便的工具，它可以把那些说起来会很啰嗦的东西，以谁都能够理解的方式严密、简洁地表达出来。

 看来我需要先和数学成为朋友呀，这样才能感受到表达式的方便所在。

对了，绫乃，你想用机器学习做什么？

其实吧，是公司的上司让我有时间学一下机器学习。

原来是公司的事情。那个人不能教你吗？

我问过他，但他好像也不是很懂。我感觉他就是想说"机器学习"这个词而已……

首先要明确的就是想使用机器学习来做什么，思考目的是很重要的……那么，你觉得机器学习是在什么地方使用的呢？

嗯，我经常听到的是**鉴别垃圾邮件**、**用图像进行人脸识别**、**电商网站的推荐功能**之类的。

可以啊，你知道的挺多嘛。

上网查资料这种事情我还是会做的，而且来找你之前我多多少少也了解了一点相关信息。

不错，看来你已经知道不少应用场景了。除了你列举的之外，机器学习还有很多应用场景，而且涉及的领域非常广泛。

是呀是呀。我感觉只要有了机器学习，就什么都可以做了。机器学习真是令人充满希望。

因为机器学习，人们确实做到了很多过去做不到的事情。不过要说有了机器学习就什么都可以做，我觉得这里面存在误解。

啊，是这样吗？难道还有限制？

虽然它的应用场景很多，但它不是万能的。了解机器学习适合的应用场景，明确它能做什么、不能做什么也很重要。

原来还有不能适用机器学习的场景呀，有点遗憾。

在开始学习机器学习之前，我们还是先聊聊为什么机器学习如此受人关注，使用机器学习实际能做什么这些话题吧。

好呀，听起来好像很有意思！稍等一下，我去拿咖啡和饼干过来！

1.2 机器学习的重要性

为什么机器学习变得如此受人关注呢？（咔嚓咔嚓）

其实机器学习的基础理论和算法本身并不是新出现的。

欸，原来是以前就有的啊？

无论是过去还是现在，计算机都特别擅长处理重复的任务。所以计算机能够比人类更高效地读取大量的数据、学习数据的特征并从中找出数据的模式。这样的任务也被称为**机器学习**或者**模式识别**，以前人们就有用计算机处理这种任务的想法，并为此进行了大量的研究，也开发了很多代码。

原来机器学习从很久以前就可以做很多事情，真是出乎意料……

现在机器学习能做的事情更多了。虽然不可否认这受益于计算机理论的发展，不过我认为主要还是归功于以下两点。

• 具备了能够收集大量数据的环境
• 具备了能够处理大量数据的环境

也就是说，让计算机收集大量数据、学习大量知识，就可以做许许多多的事情了吗？

嗯，差不多是这样的。当我们打算用机器学习做什么事情的时候，首先需要的就是**数据**。因为机器学习就是从数据中找出特征和模式的技术。

原来并不是说有一个很厉害的程序，只要把事情交给它，它就什么都会帮我们搞定呀。

嗯，所以收集数据很重要。

不过"具备了能够收集大量数据的环境"是什么意思呢？

由于互联网的发展，个人行为和生活的一部分已经被数字化，规模大到无法想象的数据也随之而生。

而且，不仅是数据量变多了，数据的种类也增加了。其中包括Web网站的访问记录、博客上发布的博文和照片、邮件的发送记录、电商网站的购买记录等，数不胜数。多亏有了互联网，我们才可以轻松获取大量这样的数据。

对呀，我也经常在网上买东西。现在再普通不过的事情，在过去看来却并不简单……

我们就拿刚才你举的机器学习的例子来说吧。人脸识别可以使用SNS网站上与人物标签一起被上传的图像数据，而推荐系统则可以使用电商网站上的购买记录数据。不管是人脸识别还是推荐系统，都是从数据中学到的成果。

原来如此。看来我之前对机器学习完全不了解啊。

而且现在计算机的性能也越来越高，处理同样多的数据所需的时间变得越来越短，硬盘和SSD这样的存储设备也越来越便宜。

现在好厉害呀。计算机能够处理大量数据，也就能学到相应的大量知识，真让人激动。而且值得处理的数据也非常多。

是啊。不过，比起可以学习到大量知识，计算机能够更快地处理数据这一点更令人激动。现在可以使用GPU进行数值计算，Hadoop、Spark之类的分布式处理技术也逐渐成熟，所以才说现在"具备了能够处理大量数据的环境"。

适合机器学习的时代终于来临了！

对，所以人们对机器学习的兴趣越来越高。机器学习不仅可以应用在那些方便我们日常生活的应用程序上，还可以帮助商务人士做决策，或者应用在医疗、金融、安全等其他各种领域。

这样说来，机器学习真是太厉害了。眼下也正是使用机器学习大展拳脚的时候，我现在真心想学习它了。

1.3 | 机器学习的算法

我已经知道机器学习有很多应用场景了，不过我想更具体地了解一下机器学习是如何被实际应用的。

没问题，那我们来聊聊这个话题。下面这几个就是机器学习非常擅长的任务。

- 回归（regression）
- 分类（classification）
- 聚类（clustering）

这几个词我倒是听说过……

我们依次来看一下吧。首先是**回归**。简单易懂地说，回归就是在处理**连续数据**如**时间序列数据**时使用的技术。

一点也不简单易懂……时间序列数据？那是什么样的数据呀？

就是那些连续观测到的因时而异的数据。股价就是时间序列数据的一个例子。看一下这个（图 1-1），你应该见过这样的图吧？

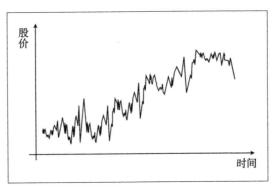

图 1-1

原来这就是连续数据呀，那么身高和体重这样的数据也是连续数据喽？

不错，一点就通。身高和体重本身就是连续的数据，假如记录下每天的身高和体重，那么得到的数据就是类似于股价的时间序列数据了。

这个我明白了。对这样的连续数据使用机器学习，又是什么意思呢？

例如，我们从刚才的图中，选出几个过去某个时间点的股价数据（表 1-1）。

表 1-1

日期	股价
昨天	￥1000
2 天前	￥1100
3 天前	￥1070

从这样的数据中学习它的趋势，求出"明天的股价会变为多少""今后的趋势会怎样"的方法就是回归，它就是一种机器学习算法。

未来的预测呀。如果真能准确地预测股价就厉害了。

那当然了。股价的变动不只受过去股价的影响，所以光靠这个信息并不能很好地预测出来。

是啊，当前的经济状况和企业的业绩等都会影响到股价。

没错。所以当我们要预测什么事情的时候，经常会把对预测有影响的数据收集起来进行组合。

原来如此。那**分类**又是什么意思呢？

分类没那么难。比如刚才你提到的鉴别垃圾邮件就可以归类为**分类问题**。

也就是说检查邮件的内容，然后判断它是不是垃圾邮件，对吧？

是的。就是根据邮件的内容，以及这封邮件是否属于垃圾邮件这些数据来进行学习（表 1-2）。

表 1-2

邮件内容	是否为垃圾邮件
辛苦啦！下个周日我们去玩吧……	×
加我为好友吧。这里有我的照片哟！http://…	○
恭喜您赢得夏威夷旅游大奖……	○

在开始学习之前，我们必须像这张表这样，先用○或 × 手动标记邮件是否为垃圾邮件，稍微有些麻烦。

欸？要一个一个检查，然后打上○或 × 的标签吗？好麻烦呀……

实际上机器学习中最麻烦的地方，就是收集数据。无论收集数据的环境变得多好，还是有很多需要人工介入的工作。

原来是这样啊。这个打标签的工作，光想想就觉得它很花时间。

这种工作也是有改善空间的。比如最近的邮件服务中，用户可以对收到的邮件打上"这是垃圾邮件"的标签。直接使用这些由用户打好标签的数据也是一个法子。

哇，真聪明。根据照片上的人脸来判断他是男人还是女人的工作也是分类问题吧？

对，这也是分类问题。像这种只有两个类别的问题称为**二分类**，有三个及以上的问题称为**多分类**，比如数字的识别就属于多分类问题。

是吗？数字的识别是分类问题吗？

想一想判断图片中的数字是几的问题。我们会判断那张图片是 0，这张图片是 9，这样问题不就变成了按照 0~9 的数字信息对图片进行分类的问题了吗？

这样说的话，的确如此……

这种技术可以用来自动识别明信片上手写的邮件编码。有一个很有名的数据集叫 MNIST，其中收集了大量手写的数字图片，以及图片实际的数字信息。

世上还有这样的东西啊。那最后的聚类又是什么呢？

聚类与分类相似，却又有些不同。聚类考虑的问题是：假设在有100 名学生的学校进行摸底考试，然后根据考试成绩把 100 名学生分为几组，根据分组结果，我们能得出某组偏重理科、某组偏重文科这样有意义的结论。这里用来学习的数据就是每个学生的考试分数，比如下面这张表（表 1-3）。

表 1-3

学生编号	英语分数	数学分数	语文分数	物理分数
A-1	100	98	89	96
A-2	77	98	69	98
A-3	99	56	99	61

这不就是分类吗？

它与分类的区别在于数据带不带**标签**。也有人把标签称为正确答案数据。比如刚才的垃圾邮件鉴别问题，除了邮件内容以外，数据集中是不是还包含了标记邮件是否为垃圾邮件的数据？

嗯，有的。

可这个考试分数的数据里并没有与分类有关的标签，仅仅包含了编号和分数的数据而已。

原来区别在于准备的数据里是否包含了标签信息呀。这不太好理解啊。

使用有标签的数据进行的学习称为**有监督学习**，与之相反，使用没有标签的数据进行的学习称为**无监督学习**。回归和分类是有监督学习，而聚类是无监督学习，这样对比记忆效果可能会更好。

光记住这些名字好像就很难……回归、分类、聚类，还有有监督学习、无监督学习……

如果只死记硬背很快就会忘光啦。我还是建议你多去学习和实践，到时候想不记住都难。

是那样的吗？

1.4 | 数学与编程

你说自己不擅长数学，不过你也是理科生吧？

啊，是呀——算是吧……

那你还记得**概率统计**、**微分**和**线性代数**吗？

嗯，记得一点……只要复习一下应该就能想起来了。

机器学习多多少少还是需要一些数学基础知识的，如果你觉得心里没底，就先复习一下，肯定有用的。尤其是机器学习的算法有和统计方法类似的地方，所以懂这些知识的话，肯定学起来会很快。

果然需要数学。看来要从头开始学习了。

不过就像我一开始说的，如果只是学习机器学习的基础知识，并不需要太高深的数学知识。能提前复习一下当然最好，等碰到不明白的地方再去查资料可能也不会有什么问题。

真的吗？不过我会找时间简单地复习一下的。

绫乃很拼嘛。

学这个很有趣啊。

那你编程怎么样？

因为现在的工作也要编程，所以没问题。我很擅长的，我还有一个自己的 Web 服务呢。

那我就放心了。既然你比我擅长编程，那我只能教你一些理论知识了。机器学习常用的开发语言有 Python 和 R，如果有这两种语言的使用经验，那就事半功倍了。

我还没用过 Python 和 R……不过我有开发的底子，学习新的语言对我来说应该不那么难。

当然，用 C 或 Ruby、PHP、JavaScript 也可以实现机器学习，只是 Python 和 R 的机器学习库极其丰富，所以用的人比较多。

能够轻松地实现当然更好啦。啊，咖啡凉了。今天我们就聊到这里吧。

好，下次我们再具体地聊一下。

好呀，谢谢！

第2章

学习回归
基于广告费预测点击量

绫乃请美绪教她机器学习中常用的数学知识。
她首先要学习的是"回归"。
她们准备根据绫乃运营的 Web 服务的广告费数据来学习。
那么，绫乃到底能不能理解回归呢？

2.1 | 设置问题

我们就先一起来看一看回归吧。下面我们结合具体的例子来说。

好呀,具体的例子就像明天的午饭一样重要啊。

你这个比喻的意义我完全无法理解……不过例子确实很重要。对了,我记得你说过你在运营一个 Web 服务?

是啊,当时是为了学习编程而建立的。用户可以通过它上传时装照片,然后再分享给大家。除了编程我还能学到时尚的穿搭,真挺不错的。

好像挺有意思的,我也有意用用了。

那太好了。不过现在的访问数还很少,我在想要不要发点广告什么的,让更多的人知道这个服务。

这样啊。那好,我们就以 Web 广告和点击量的关系为例来学习回归吧。

我对 Web 营销倒是挺感兴趣的,不过这和机器学习有关系吗?

先听我说完。为了简化问题,我们假设存在这样一个前提:投入的广告费越多,广告的点击量就越高,进而带来访问数的增加。

嗯，广告基本上就是这样的。

不过点击量经常变化，投入同样的广告费未必能带来同样的点击量。根据广告费和实际点击量的对应关系数据，可以将两个变量用下面的图展示出来（图 2-1）。图中的值是随便选的。

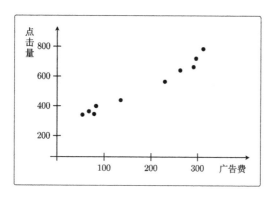

图 2-1

原来如此。投入的广告费越多，点击量就越高。

那你看着这张图来回答一下（图 2-2）。如果花了 200 日元的广告费，广告的点击量会是多少呢？

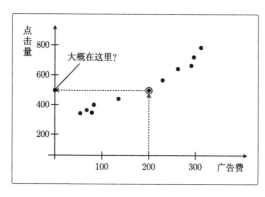

图 2-2

这个问题太简单了！500 次左右吧?

对的，好厉害。

你不是在讽刺我吧……? (笑)

没有没有！刚才你不是根据现有的数据，在图上标出了"大概在这里"了吗?

嗯，是呀。

这就是机器学习。你所做的事情正是从数据中进行学习，然后给出预测值。接下来我们就要使用机器学习，像你刚才做的那样，尝试进行根据广告费预测点击量的任务。

原来是这么回事。但是就算不使用机器学习，谁看到这张图都能说出正确答案吧。

就像我一开始所说的，这是我们把问题设置得非常简单的缘故。

也就是投入的广告费越多，点击量就越高这个前提?

对。不过，实际要使用机器学习来解决的问题都会更复杂，很多问题无法像这样画出图来。现在我们为了加深理解才用了这样一个简单的例子，后面的例子会越来越难的。

这样啊，现在的我对此还没有什么头绪……

2.2 | 定义模型

那如何应用机器学习呢？

把图想象为函数（图 2-3）。只要知道通过图中各点的函数的形式，就能根据广告费得知点击量了。不过刚才我也说过，点击量经常变化，这叫作"点击量中含有噪声"，所以函数并不能完美地通过所有的点。

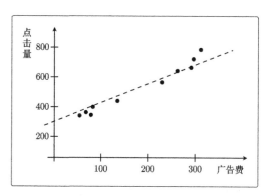

图 2-3

莫非这个函数是一次函数？

没错，就是一次函数。初中的时候老师让你画过函数的图像吧？

是啊，没少画，还挺怀念的。一次函数的表达式就是 $y = ax + b$，其中 a 是**斜率**、b 是**截距**，对吧？

嗯，没错。只要确定了斜率和截距，一次函数的图像形状也就确定了，所以接下来我们要看的就是 a 和 b。

原来是这样，我懂了。

考虑到后面的学习，我们得像下面这样定义一次函数的表达式，不再使用 a 和 b。

$$y = \theta_0 + \theta_1 x \tag{2.2.1}$$

哇，突然变得很有数学风格了……这个 θ 是什么？

它读作"西塔"，就是接下来我们要去求的未知数。也有人管它叫**参数**。

参数……那用 a 和 b 不也挺好的吗？为什么要特意用 θ 呢？

在统计学领域，人们常常使用 θ 来表示未知数和推测值。采用 θ 加数字下标的形式，是为了防止当未知数增加时，表达式中大量出现 a、b、c、d…这样的符号。这样不但不易理解，还可能会出现符号本身不够用的情况。

原来是这样，总之我现在把它们当作斜率和截距就没问题了对吧？

对现在的例子来说没问题。还有，我想你应该知道，x 是广告费、y 是点击量。

这两个没问题。

代入具体的值会有助于理解。比如我们设 $\theta_0 = 1$、$\theta_1 = 2$，那么表达式 2.2.1 的 $y = \theta_0 + \theta_1 x$ 会变成什么样的表达式呢？

代入就行了？这个简单。

$$y = 1 + 2x \tag{2.2.2}$$

很好。接下来我们就向这个表达式中的 x 代入具体的数值来计算 y。

好，那我就计算一下 $x = 100$ 时 y 的值。

$$
\begin{aligned}
y &= 1 + 2x \\
&= 1 + 2 \times 100 \\
&= 201
\end{aligned}
\tag{2.2.3}
$$

这也就是说，在参数 $\theta_0 = 1$、$\theta_1 = 2$ 的情况下，100 日元的广告费带来的点击量为 201 左右。这个明白吗？

不对呀，看一下刚才的图（图 2-4），如果广告费为 100 日元，那么点击量应该大于 400 呀？

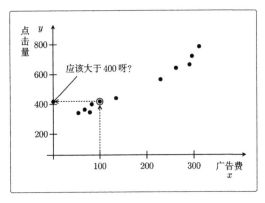

图 2-4

是的，这说明我们刚才确定的参数 $\theta_0 = 1$、$\theta_1 = 2$ 完全不正确。接下来我们就要使用机器学习来求出正确的 θ_0 和 θ_1 的值。

原来是这么回事呀。

2.3 | 最小二乘法

道理我懂了，可是怎么求参数 θ 呢?

在讲这个之前，我们还是把前面的表达式 2.2.1 修改成这个样子吧。

$$f_\theta(x) = \theta_0 + \theta_1 x \tag{2.3.1}$$

就是把 y 换成了 $f_\theta(x)$ 吗？这是为什么呀？

这样修改之后，我们就可以一眼看出这是一个含有参数 θ，并且和变量 x 相关的函数。而且，如果继续使用 y，后面可能会造成混乱。

好吧，那就按你说的来吧……

那我们就马上去求 θ 吧。现在我们手头有的是广告费及其相应点击量的数据。

就是在刚才的图上画的那些点吧？

是啊。这些数据称为训练数据。我们将训练数据中的广告费代入 $f_\theta(x)$，把得到的点击量与训练数据中的点击量相比较，然后找出使二者的差最小的 θ。

你等会儿！我不太理解你的意思……

那我具体举几个训练数据的例子（表 2-1），可能会有助于你理解。

表 2-1

广告费 x	点击量 y
58	374
70	385
81	375
84	401

也就是这 4 个点吧（图 2-5）?

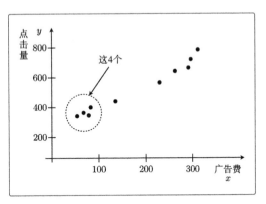

图 2-5

 是的。刚才我们随便确定了一个参数，得到了形式为 $f_\theta(x) = 1 + 2x$ 的表达式 2.2.2，下面我们将广告费的值代入这个 $f_\theta(x)$ 中进行计算。

 代入广告费就行是吧……这样吗（表 2-2）?

表 2-2

广告费 x	点击量 y	$\theta_0 = 1$、$\theta_1 = 2$ 时的 $f_\theta(x)$
58	374	117
70	385	141
81	375	163
84	401	169

 不错。刚才我们也聊到过，这种用随便确定的参数计算的值与实际的值存在偏差。这个表 2-2 能让我们更确信这一点。

也就是说表 2-2 中的 y 与 $f_\theta(x)$ 的值完全不同，对吧？

是的。不过，我们希望出现的最理想的情况是 y 与 $f_\theta(x)$ 的值一致，这个明白吗？

嗯，$f_\theta(x)$ 就是为了研究 y 的值才建立的函数呀。

那么我们来思考一下，为了接近理想的情况要怎么做呢？

理想的情况就是二者一致，也就是 $y = f_\theta(x)$……

我们对你说的这个表达式稍做调整，让它变形为 $y - f_\theta(x) = 0$。这就是说 y 和 $f_\theta(x)$ 之间的误差为 0。没有误差是最理想的情况。

我懂啦！我们的目标是让误差最小。可是，让所有点的误差都等于 0 是不可能的吧？

是的，不可能让所有点的误差都等于 0。所以我们要做的是让所有点的误差之和尽可能地小。

嗯，你说过点击量的数据中包含噪声，所以函数不能丝毫不差地通过所有的点。

看一下这张图（图 2-6），这样表示是不是很容易理解了？图中的虚线箭头表示训练数据的点和 $f_\theta(x)$ 图像的误差。

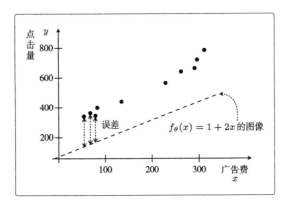

图 2-6

清晰易懂。我们只要想办法缩小误差虚线的高度，就能预测正确的点击量了。

我们来把刚才说的内容用表达式展现出来。假设有 n 个训练数据，那么它们的误差之和可以用这样的表达式表示。这个表达式称为**目标函数**，$E(\theta)$ 的 E 是误差的英语单词 Error 的首字母。

$$E(\theta) = \frac{1}{2} \sum_{i=1}^{n} \left(y^{(i)} - f_\theta(x^{(i)}) \right)^2$$

(2.3.2)

> **⚠ 提 示**
>
> 关于 $\sum$（读作"西格玛"）的更多内容，请参考附录 A.1。

哇，一下子变得这么难……我还没有做好心理准备呀。

我会一个一个说明的，放心好了。首先，为了避免引起误解我先说明一下：$x^{(i)}$ 和 $y^{(i)}$ 中的 i 不是 i 次幂的意思，而是指第 i 个训练数据。

让我看一下表 2-2，$x^{(1)}$ 为 58 的时候 $y^{(1)}$ 等于 374，$x^{(2)}$ 为 70 的时候 $y^{(2)}$ 等于 385，对吧？

对的。$\sum_{i=1}^{n}$ 是求和符号，我们对每个训练数据的误差取平方之后，全部相加，然后乘以 $\frac{1}{2}$。这么做是为了找到使 $E(\theta)$ 的值最小的 θ。这样的问题称为**最优化问题**。

为什么要计算误差的平方呢？

如果只是简单地计算差值，我们就得考虑误差为负值的情况。比如 $f_{\theta}(x)$ 的图像是这样的（图 2-7），你想一想这种情况下计算误差之和会得到什么结果。

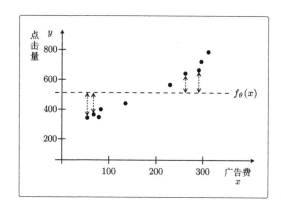

图 2-7

中间以左的误差是负数，以右的误差是正数，二者相加正负相抵，我感觉结果会是接近 0 的数。

对吧？误差之和虽然为 0 了，但是很明显这个水平方向的 $f_{\theta}(x)$ 是不对的。

原来如此。正数和负数的混合运算比较麻烦，所以为了让误差都为正数，才计算它们的平方啊。那用**绝对值**计算是不是也行？就像 $|y - f_{\theta}(x)|$ 这样。

虽然这样也没错，但是我们一般不用绝对值，而用平方。因为之后要对目标函数进行微分，比起绝对值，平方的微分更加简单。

微分……虽然在高中学过，但基本上全忘了……绝对值的微分很难吗？

 如果是绝对值，有的点不能计算，而且还必须分情况讨论，很麻烦。关于微分，我们后面遇到的时候再讲吧。

 那为什么整个表达式还要乘以 $\frac{1}{2}$ 呢？

 这也和之后的微分有关系，是为了让作为结果的表达式变得简单而随便加的常数。这个也到时候再讲吧。

 嗯，不过可以随便乘以一个常数吗？

 嗯，对于最优化问题，这么做是没有问题的。比如，在 $f(x) = x^2$ 的函数图像中（图 2-8），使函数最小的 x 是什么呢？

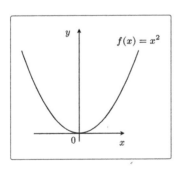

图 2-8

 当 $x = 0$ 的时候最小。

那么在刚才的图像上乘以 $\frac{1}{2}$（图 2-9），使函数 $f(x) = \frac{1}{2}x^2$ 最小的 x 是什么呢？

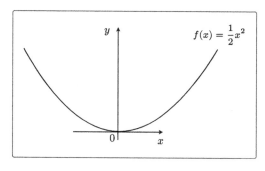

$$f(x) = \frac{1}{2}x^2$$

图 2-9

同样还是当 $x = 0$ 的时候最小！

只要乘以正的常数，函数的形状就会被横向压扁或者纵向拉长，但函数本身取最小值的点是不变的。

我终于明白这个表达式的意思了。

我们实际来计算一下表达式 2.3.2 中 $E(\theta)$ 的值吧。设 $\theta_0 = 1$、$\theta_1 = 2$，然后将刚才列举的 4 个训练数据代入表达式。求出来的误差有点大……

$$
\begin{aligned}
E(\theta) &= \frac{1}{2}\sum_{i=1}^{4}\left(y^{(i)} - f_\theta(x^{(i)})\right)^2 \\
&= \frac{1}{2} \times \left((374 - 117)^2 + (385 - 141)^2 + (375 - 163)^2 + (401 - 169)^2\right) \\
&= \frac{1}{2} \times (66\,049 + 59\,536 + 44\,944 + 53\,824) \\
&= 112\,176.5
\end{aligned}
\tag{2.3.3}
$$

112 176.5?

112 176.5 这个值本身没有什么意义，我们要修改参数 θ，使这个值变得越来越小。

让这个值变小，也就是让误差变小，对吧？

就是这样。这种做法称为**最小二乘法**。

2.3.1 最速下降法

要让 $E(\theta)$ 越来越小我是明白的，不过一边随意修改 θ 的值，一边计算 $E(\theta)$ 并与之前的值相比较的做法实在是太麻烦了。

那样做的确很麻烦。所以我们要使用前面简单提到过的**微分**来求它。

> **！提示**
>
> 关于微分的更多内容，请参考附录 A.2。

微分啊，基本不记得了。

微分是计算**变化的快慢程度**时使用的方法。你在学微分的时候，有没有用**增减表**？

增减表……这么说起来好像是用过。好令人怀念的话题啊。

 我们用简单的例子来试一下吧。比如有一个表达式为 $g(x) = (x-1)^2$ 的二次函数（图 2-10），它的最小值是 $g(x) = 0$，出现在 $x = 1$ 时。你知道这个二次函数的增减表是什么样的吗？

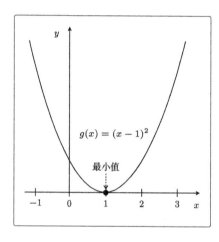

图 2-10

 首先要进行微分对吧？将 $g(x)$ 展开，有 $(x-1)^2 = x^2 - 2x + 1$，所以是这样微分吗？

$$\frac{\mathrm{d}}{\mathrm{d}x}g(x) = 2x - 2 \tag{2.3.4}$$

 嗯，微分结果就是这个。为了写出增减表，我们看一下**导数**的符号。

 所谓导数，就是微分后的函数吧？只要看 $2x - 2$ 的符号就行了，所以增减表是这样的（表 2-3）。

表 2-3

x 的范围	$\dfrac{\mathrm{d}}{\mathrm{d}x}g(x)$ 的符号	$g(x)$ 的增减
$x < 1$	$-$	↘
$x = 1$	0	
$x > 1$	$+$	↗

很好。根据这张增减表我们可以知道，在 $x < 1$ 时，$g(x)$ 的图形向右下方延伸，反之当 $x > 1$ 时，$g(x)$ 的图形向右上方延伸，换句话说就是从左下方开始延伸的。

嗯，不管是看增减表，还是看 $g(x)$ 的图像，的确都是如此。

比如在 $x = 3$ 这一点，为了使 $g(x)$ 的值变小，我们需要向左移动 x，也就是必须减小 x（图 2-11）。

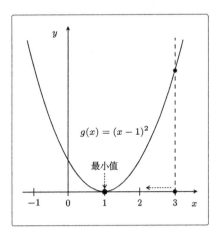

图 2-11

如果是在另一侧的 $x = -1$ 这一点，为了使 $g(x)$ 的值变小，我们需要向右移动 x，也就是必须增加 x（图 2-12）。

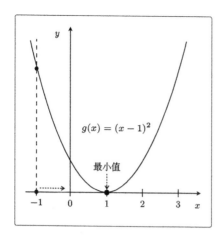

图 2-12

是不是要根据导数的符号来决定移动 x 的方向？

没错。只要向与导数的符号相反的方向移动 x，$g(x)$ 就会自然而然地沿着最小值的方向前进了。

我明白了。参数会自动更新，这太方便了。

我们把刚才说的内容用表达式展示出来，就是这样的。这也被称为**最速下降法**或**梯度下降法**。

$$x := x - \eta \frac{\mathrm{d}}{\mathrm{d}x} g(x) \tag{2.3.5}$$

你可能还不熟悉 A := B 这种写法，它的意思是通过 B 来定义 A。

拿表达式 2.3.5 来说就是用上一个 x 来定义新的 x，是这样的吧？

没错。

η 是什么？

它是称为**学习率**的正的常数，读作"伊塔"。根据学习率的大小，到达最小值的更新次数也会发生变化。换种说法就是收敛速度会不同。有时候甚至会出现完全无法收敛，一直发散的情况。

稍等！这里我又不明白了……

我们再代入具体的值看一看。比如 $\eta = 1$，从 $x = 3$ 开始，那么 x 会如何变化呢？

我算算看。$g(x)$ 的微分是 $2x - 2$，那么更新表达式就是 $x := x - \eta(2x - 2)$ 对吧？我就用这个表达式计算了（图 2-13）。

$$
\begin{aligned}
x := \quad 3 - 1(2 \times 3 - 2) \quad &= \quad 3 - 4 \quad = -1 \\
x := -1 - 1(2 \times -1 - 2) &= -1 + 4 \quad = \quad 3 \\
x := \quad 3 - 1(2 \times 3 - 2) \quad &= \quad 3 - 4 \quad = -1
\end{aligned}
\tag{2.3.6}
$$

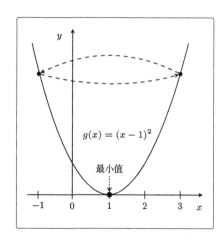

图 2-13

 欸？怎么一直在 3 和 −1 上跳来跳去啊，这不就陷入了死循环吗？

 那设 $\eta = 0.1$，同样从 $x = 3$ 开始，会怎么样呢？

 小数的计算有点麻烦，四舍五入并保留一位小数后再计算也没问题吧？我试试（图 2-14）。

$$x := \quad 3 - 0.1 \times (2 \times 3 - 2) \quad = 3 \quad - 0.4 = 2.6$$
$$x := 2.6 - 0.1 \times (2 \times 2.6 - 2) = 2.6 - 0.3 = 2.3$$
$$x := 2.3 - 0.1 \times (2 \times 2.3 - 2) = 2.3 - 0.2 = 2.1$$
$$x := 2.1 - 0.1 \times (2 \times 2.1 - 2) = 2.1 - 0.2 = 1.9 \quad \text{(2.3.7)}$$

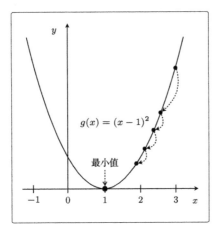

图 2-14

这次渐渐接近 $x = 1$ 了，只是速度好慢啊……真让人着急。

就是这样。如果 η 较大，那么 $x := x - \eta(2x - 2)$ 会在两个值上跳来跳去，甚至有可能远离最小值。这就是发散状态。而当 η 较小时，移动量也变小，更新次数就会增加，但是值确实是会朝着收敛的方向而去。

原来是这么回事啊，我现在非常明白了。

那我们回过头来看一下目标函数 $E(\theta)$。还记得目标函数的表达式吗？

你是说表达式 2.3.2 吗？

$$E(\theta) = \frac{1}{2} \sum_{i=1}^{n} \left(y^{(i)} - f_\theta(x^{(i)}) \right)^2 \tag{2.3.8}$$

是的。这个目标函数和刚才例子中的 $g(x)$ 同样是开口向上的形状，所以刚才讨论的内容也同样适用于它。不过这个目标函数中包含 $f_\theta(x)$，从表达式 2.3.1 又可以看出，$f_\theta(x)$ 拥有 θ_0 和 θ_1 两个参数。也就是说这个目标函数是拥有 θ_0 和 θ_1 的双变量函数，所以不能用普通的微分，而要用**偏微分**。如此一来，更新表达式就是这样的。

$$\theta_0 := \theta_0 - \eta \frac{\partial E}{\partial \theta_0}$$

$$\theta_1 := \theta_1 - \eta \frac{\partial E}{\partial \theta_1} \tag{2.3.9}$$

我感觉开始变难了……表达式 2.3.5 的 $g(x)$ 变成了 E，然后要用偏微分对吧？

> **❗ 提 示**
>
> 关于偏微分的更多内容，请参考附录 A.3。

是的。下面我们实际地计算一下偏微分。首先从表达式 2.3.9 的 θ_0 的偏微分表达式开始。绫乃，这个你会吗？

这个……欸，E 中怎么没有 θ_0 啊？啊，对了，θ_0 在 $f_\theta(x)$ 里面呢。还得去展开平方，好像很难呀……

正面去突破它是很麻烦的，我们可以使用**复合函数**的微分。就像你刚才说的，$E(\theta)$ 中有 $f_\theta(x)$，而 $f_\theta(x)$ 中又有 θ_0，所以我们可以这样分别去考虑它们。

$$u = E(\theta)$$

$$v = f_\theta(x) \tag{2.3.10}$$

> **❗ 提 示**
>
> 关于复合函数的更多内容，请参考附录 A.4。

然后再像这样阶梯性地进行微分。

$$\frac{\partial u}{\partial \theta_0} = \frac{\partial u}{\partial v} \cdot \frac{\partial v}{\partial \theta_0} \tag{2.3.11}$$

原来这就是复合函数的微分。那我先从 u 对 v 微分的地方开始计算。把函数展开后再分别求微分就行了吧？

$$\begin{aligned}
\frac{\partial u}{\partial v} &= \frac{\partial}{\partial v}\left(\frac{1}{2}\sum_{i=1}^{n}\left(y^{(i)} - v\right)^2\right) \\
&= \frac{1}{2}\sum_{i=1}^{n}\left(\frac{\partial}{\partial v}\left(y^{(i)} - v\right)^2\right) \\
&= \frac{1}{2}\sum_{i=1}^{n}\left(\frac{\partial}{\partial v}\left(y^{(i)^2} - 2y^{(i)}v + v^2\right)\right) \\
&= \frac{1}{2}\sum_{i=1}^{n}\left(-2y^{(i)} + 2v\right) \\
&= \sum_{i=1}^{n}\left(v - y^{(i)}\right)
\end{aligned} \tag{2.3.12}$$

在最后一行，常数与 $\frac{1}{2}$ 相抵消了，微分后的表达式变简单了吧？这就是一开始乘以 $\frac{1}{2}$ 的理由。

原来是这么回事啊。表达式确实变整洁了。下面就是 v 对 θ_0 进行微分的部分了。

$$\frac{\partial v}{\partial \theta_0} = \frac{\partial}{\partial \theta_0}(\theta_0 + \theta_1 x)$$

$$= 1 \tag{2.3.13}$$

做得不错。接下来只要依照复合函数的微分表达式 2.3.11 将各部分的结果相乘，就可以得到对 θ_0 进行微分的结果了。对了，不要忘了把表达式 2.3.12 中的 v 替换回 $f_\theta(x)$。

让各部分相乘，是这样吗？

$$\frac{\partial u}{\partial \theta_0} = \frac{\partial u}{\partial v} \cdot \frac{\partial v}{\partial \theta_0}$$

$$= \sum_{i=1}^{n} \left(v - y^{(i)} \right) \cdot 1$$

$$= \sum_{i=1}^{n} \left(f_\theta(x^{(i)}) - y^{(i)} \right) \tag{2.3.14}$$

计算正确！接下来再算一下对 θ_1 进行微分的结果吧。

也就是解出这个表达式对吧？我试试看。

$$\frac{\partial u}{\partial \theta_1} = \frac{\partial u}{\partial v} \cdot \frac{\partial v}{\partial \theta_1} \tag{2.3.15}$$

u 对 v 微分的部分与表达式 2.3.12 完全相同，所以这次只要计算 v 对 θ_1 微分的部分就行了。

嗯，仔细想想确实是这样。v 对 θ_1 微分……是这样吗？

$$\frac{\partial v}{\partial \theta_1} = \frac{\partial}{\partial \theta_1}(\theta_0 + \theta_1 x)$$
$$= x \qquad (2.3.16)$$

对的。那最终 u 对 θ_1 微分的结果是什么样的呢？

是这样的。

$$\frac{\partial u}{\partial \theta_1} = \frac{\partial u}{\partial v} \cdot \frac{\partial v}{\partial \theta_1}$$
$$= \sum_{i=1}^{n} \left(v - y^{(i)} \right) \cdot x^{(i)}$$
$$= \sum_{i=1}^{n} \left(f_\theta(x^{(i)}) - y^{(i)} \right) x^{(i)} \qquad (2.3.17)$$

正确！所以参数 θ_0 和 θ_1 的更新表达式就是这样的，这里没问题吧？

$$\theta_0 := \theta_0 - \eta \sum_{i=1}^{n} \left(f_\theta(x^{(i)}) - y^{(i)} \right)$$
$$\theta_1 := \theta_1 - \eta \sum_{i=1}^{n} \left(f_\theta(x^{(i)}) - y^{(i)} \right) x^{(i)} \qquad (2.3.18)$$

嗯,这个表达式看起来好复杂啊。只要根据这个表达式来更新 θ_0 和 θ_1,就可以找到正确的一次函数 $f_\theta(x)$ 了吗?

是的。用这个方法找到正确的 $f_\theta(x)$,然后输入任意的广告费,就可以得到相应的点击量。这样我们就能根据广告费预测点击量了。

仅仅是为了找到这么简单的一次函数就费了很多事……而且这个过程也不是很有意思。

一开始我就说过,为了便于说明我简化了问题,也许是因为这个你才没能感受到其中的妙处。我们去看看难一些的问题吧。

我有点累了,想休息一下。我们一起吃甜甜圈吧!

好呀。

2.4 多项式回归

好好吃!

很好吃吧?我最喜欢甜食了。哎,咱们要接着讲回归对吗?

是啊。我们将刚才关于回归的话题再稍微扩展一下吧。

这样难度又会突然加大吧……

只要刚才讲的内容你都理解了，就不会觉得接下来要讲的很难了。还记得我们定义的用于预测的一次函数吗？

表达式 2.3.1 吗？记得，它是这样的。

$$f_\theta(x) = \theta_0 + \theta_1 x \qquad (2.4.1)$$

没错。因为是一次函数，所以它的图像是直线（图 2-15）。

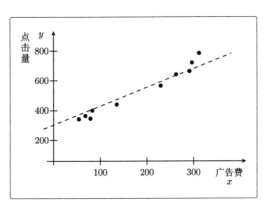

图 2-15

嗯，确实是直线。刚才我们用微分求出了这个函数的斜率和截距。

对。不过，对于一开始我在图中添加的数据点来说，其实曲线比直线拟合得更好（图 2-16）。

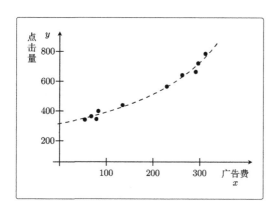

图 2-16

的确是这样！曲线看起来更拟合数据。

我们把 $f_\theta(x)$ 定义为二次函数，就能用它来表示这条曲线了。

$$f_\theta(x) = \theta_0 + \theta_1 x + \theta_2 x^2 \tag{2.4.2}$$

对哦。确实学过二次函数是曲线。

或者用更大次数的表达式也可以。这样就能表示更复杂的曲线了。

$$f_\theta(x) = \theta_0 + \theta_1 x + \theta_2 x^2 + \theta_3 x^3 + \cdots + \theta_n x^n \tag{2.4.3}$$

这个好厉害啊。我们可以随便决定 $f_\theta(x)$ 是什么样的函数吗？

嗯，不过对于要解决的问题，在找出最合适的表达式之前，需要不断地去尝试。

不是函数次数越大，拟合得越好吗？

虽然次数越大拟合得越好，但难免也会出现**过拟合**的问题。现在说这个就有些跑题了，我们等一会儿再说它吧。

果然，世上的事情都不是那么简单的呀……

回到刚才二次函数的话题。我们增加了 θ_2 这个参数，你知道 θ_2 更新表达式的推导方法吗？

和之前一样，用目标函数对 θ_2 偏微分就能求出来了吧？

没错！和之前一样，设 $u = E(\theta)$、$v = f_\theta(x)$，然后试着用 u 对 θ_2 偏微分，求出更新表达式。

u 对 v 微分的部分应该是一样的，所以我们只要求 v 对 θ_2 的微分就行了吧？

$$\frac{\partial v}{\partial \theta_2} = \frac{\partial}{\partial \theta_2}\left(\theta_0 + \theta_1 x + \theta_2 x^2\right)$$
$$= x^2 \tag{2.4.4}$$

嗯，不错。最终的参数更新表达式是这样的。

$$\theta_0 := \theta_0 - \eta \sum_{i=1}^{n} \left(f_\theta(x^{(i)}) - y^{(i)} \right)$$

$$\theta_1 := \theta_1 - \eta \sum_{i=1}^{n} \left(f_\theta(x^{(i)}) - y^{(i)} \right) x^{(i)}$$

$$\theta_2 := \theta_2 - \eta \sum_{i=1}^{n} \left(f_\theta(x^{(i)}) - y^{(i)} \right) x^{(i)^2}$$

$$(2.4.5)$$

那么即使增加参数，比如有 θ_3、θ_4 等，我们依然可以用同样的方法求出它们的更新表达式吗？

是的。像这样增加函数中多项式的次数，然后再使用函数的分析方法被称为**多项式回归**。

之前我还以为会很难，都有些紧张了……现在放心多了。

2.5 | 多重回归

关于回归还有些内容，我们一口气把它说完吧。

这次难度要上升了吧……

之前我们是根据广告费来预测点击量的。

嗯，是以这个为前提的。

 但是，实际中要解决的很多问题是变量超过 2 个的复杂问题。

 你的意思是对于那种问题，要用到刚才讲多项式回归时提到的 x^2 和 x^3 等多次项吗？

 不是哦。多项式回归问题中确实会涉及不同次数的项，但是使用的变量依然只有广告费一项。

 欸，是这样吗？你说的我有点不明白啊。

 我们稍微扩展一下之前设置的问题吧。之前只是根据广告费来预测点击量，现在呢，决定点击量的除了广告费之外，还有广告的展示位置和广告版面的大小等多个要素。

 啊，我懂了。原来你说变量超过 2 个是这个意思。

 不过之前变量只有广告费，所以我们还可以用图来展示，现在变量达到了 3 个以上，就无法可视化了。后面我们也就无法画出图像了。

 欸，想不出接下来要做什么……

 不过只要好好理解了之前讲过的内容，那么即使变量增加了，也不会变得很难哦。

相信自己的实力！我一定会跟上的……

 为了让问题尽可能地简单，这次我们只考虑广告版面的大小，设广告费为 x_1、广告栏的宽为 x_2、广告栏的高为 x_3，那么 f_θ 可以表示如下，这里有没有问题？

$$f_\theta(x_1, x_2, x_3) = \theta_0 + \theta_1 x_1 + \theta_2 x_2 + \theta_3 x_3 \qquad (2.5.1)$$

 函数接收的变量之前只有 1 个 x，现在增加到 3 个了。只有这一点变化，所以我没有问题。

 那这个时候，该如何去求参数 $\theta_0, \cdots, \theta_3$ 呢？

 分别求目标函数对 $\theta_0, \cdots, \theta_3$ 的偏微分，然后更新参数就行了吧？

 没错！看来你已经熟悉这套做法了。

 哎哟~这次也挺简单的，太好了。那么流程上接下来要做的就是实际去求偏微分了吧？

 这个还得等一下，我们可以先试着简化表达式的写法。

 表达式的写法？什么意思？

刚才我们说有 x_1、x_2、x_3 共 3 个变量，下面我们把它推广到有 n 个变量的情况。这时候 f_θ 会变成什么样子呢？

只要写出 n 个变量就行了吧，这样对吗？

$$f_\theta(x_1, \cdots, x_n) = \theta_0 + \theta_1 x_1 + \cdots + \theta_n x_n \qquad (2.5.2)$$

嗯，对的。不过每次都像这样写 n 个 x 岂不是很麻烦？所以我们还可以把参数 θ 和变量 x 看作**向量**。

> **❗ 提 示**
>
> 关于向量的更多内容，请参考附录 A.5。

我记得向量有大小和方向，并要用箭头来表示。这里要用到它吗？

嗯，不过这次跟箭头没有关系。我们想要做的只是把 θ 和 x 用列向量来定义而已。你知道列向量吗？

列向量是这样定义的吧？我记得向量的符号要用黑体。

$$\boldsymbol{\theta} = \begin{bmatrix} \theta_0 \\ \theta_1 \\ \theta_2 \\ \vdots \\ \theta_n \end{bmatrix} \quad \boldsymbol{x} = \begin{bmatrix} x_1 \\ x_2 \\ \vdots \\ x_n \end{bmatrix} \qquad (2.5.3)$$

对！你还记得要用黑体，真厉害。不过有一点很可惜，你写的 $\boldsymbol{\theta}$ 和 $\boldsymbol{x}$ 的维度不同，处理起来会很麻烦。

你这么说我也没办法改呀，我已经把该写的符号都写上了……

向量的元素不一定全都是符号哦，可以这样修改你写的向量。

$$\boldsymbol{\theta} = \begin{bmatrix} \theta_0 \\ \theta_1 \\ \theta_2 \\ \vdots \\ \theta_n \end{bmatrix} \quad \boldsymbol{x} = \begin{bmatrix} 1 \\ x_1 \\ x_2 \\ \vdots \\ x_n \end{bmatrix} \tag{2.5.4}$$

欸，可以随便加上 1 吗？

等到开始计算时你就明白了，像这样一开始就加上 1 反而更自然。θ 的下标是从 0 开始的，为了与其相配合，设 $x_0 = 1$，让 $\boldsymbol{x}$ 的第一个元素为 x_0 会更加整齐。

$$\boldsymbol{\theta} = \begin{bmatrix} \theta_0 \\ \theta_1 \\ \theta_2 \\ \vdots \\ \theta_n \end{bmatrix} \quad \boldsymbol{x} = \begin{bmatrix} x_0 \\ x_1 \\ x_2 \\ \vdots \\ x_n \end{bmatrix} \quad (x_0 = 1) \tag{2.5.5}$$

嗯，维度和下标都相同了，确实整齐了……

那么，把 $\boldsymbol{\theta}$ 转置之后，计算一下它与 $\boldsymbol{x}$ 相乘的结果吧。

也就是计算 $\boldsymbol{\theta}^{\mathrm{T}}\boldsymbol{x}$ 吧？把二者相应的元素相乘，然后全部加起来。

$$\boldsymbol{\theta}^{\mathrm{T}}\boldsymbol{x} = \theta_0 x_0 + \theta_1 x_1 + \theta_2 x_2 + \cdots + \theta_n x_n \qquad (2.5.6)$$

这个表达式应该见过吧？注意一下 $x_0 = 1$ 的部分。

这不就是刚才的表达式 2.5.2 吗？！

是的。也就是说，之前用多项式表示的 f_θ，可以像这样用向量来表示。虽然我们说的是向量，但实际在编程时只需用普通的一维数组就可以了。

$$f_{\boldsymbol{\theta}}(\boldsymbol{x}) = \boldsymbol{\theta}^{\mathrm{T}}\boldsymbol{x} \qquad (2.5.7)$$

哇，表达式变得好简单啊！刚才你说要简化表达式的写法，原来是这么回事啊。

是的。接下来我们就使用 $f_{\boldsymbol{\theta}}(\boldsymbol{x})$ 来求参数更新表达式吧，方法与之前一样。

好的。使用向量……欸？使用向量又该怎么求呢？

设 $u = E(\boldsymbol{\theta})$、$v = f_{\boldsymbol{\theta}}(\boldsymbol{x})$ 的部分是一样的。为了一般化，我们可以考虑对第 j 个元素 θ_j 偏微分的表达式。

$$\frac{\partial u}{\partial \theta_j} = \frac{\partial u}{\partial v} \cdot \frac{\partial v}{\partial \theta_j} \tag{2.5.8}$$

我懂了。u 对 v 微分的部分是一样的，所以只需要求 v 对 θ_j 的微分就好了。这样做对吗?

$$\begin{aligned}
\frac{\partial v}{\partial \theta_j} &= \frac{\partial}{\partial \theta_j}(\boldsymbol{\theta}^{\mathrm{T}}\boldsymbol{x}) \\
&= \frac{\partial}{\partial \theta_j}(\theta_0 x_0 + \theta_1 x_1 + \cdots + \theta_n x_n) \\
&= x_j
\end{aligned} \tag{2.5.9}$$

不错! 那么第 j 个参数的更新表达式就是这样的。

$$\theta_j := \theta_j - \eta \sum_{i=1}^{n} \left(f_{\boldsymbol{\theta}}(\boldsymbol{x}^{(i)}) - y^{(i)} \right) x_j^{(i)} \tag{2.5.10}$$

之前还给每个 θ 都写了更新表达式呢，原来它们可以汇总为一个表达式啊。好厉害!

像这样包含了多个变量的回归称为**多重回归**。你觉得难不难?

我想象中应该是更难的，但现在来看似乎没问题! 表达式汇总为一个后就变得简单了，这太好了。

可以基于一般化的思路来思考问题正是数学的优点。

对了，所谓的最速下降法就是对所有的训练数据都重复进行计算对吧？你说过现在可以收集大量的数据，但是训练数据越多，循环次数也就越多，那么计算起来不就非常花时间了吗？

果然是平时在工作中就会编程的人，非常注重效率。

对呀，仅仅是能跑起来可不行。

正如你所说，计算量大、计算时间长是最速下降法的一个缺点。

果然如此，那么没有效率更高一些的算法吗？

当然有了。

2.6 | 随机梯度下降法

我们最后就来看一下**随机梯度下降法**这个算法吧。

这是一个效率高的算法吗？

嗯。不过在介绍它之前，还要说一下，最速下降法除了计算花时间以外，还有一个缺点。

欸，还有缺点？

嗯，那就是容易陷入局部最优解。

这是什么意思呀？

在讲解回归时，我们使用的是平方误差目标函数。这个函数形式简单，所以用最速下降法也没有问题。现在我们来考虑稍微复杂一点的，比如这种形状的函数（图 2-17）。

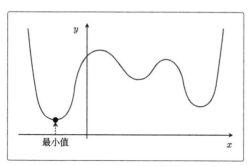

图 2-17

这个函数怎么看起来软绵绵的……

用最速下降法来找函数的最小值时，必须先要决定从哪个 x 开始找起。之前我用 $g(x)$ 说明的时候是从 $x = 3$ 或者 $x = -1$ 开始的，还记得吗？

你这么一说我想起来了。不过为什么要从 3 或者 −1 开始找呢?

那是为了讲解,我随便选的。

这样啊,那实际去解决问题时,也可以随便选个初始值吗?

选用随机数作为初始值的情况比较多。不过这样每次初始值都会变,进而导致**陷入局部最优解**的问题。

我还是不太明白这是什么意思……

我们假设这张图中标记的位置就是初始值(图 2-18)。

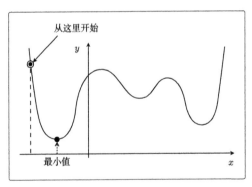

图 2-18

啊,我好像有点明白了。从这个点开始找,似乎可以求出最小值。

那你说说,什么情况下反而求不出最小值呢?

是不是把这里作为初始值的情况(图 2-19)?好像没计算完就会停止。

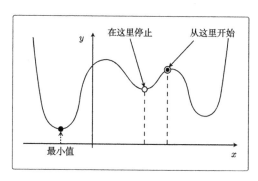
图 2-19

没错。这就是陷入局部最优解。

这个算法虽然简单,但是容易发生各种问题呀。这可是你花费了这么多时间教给我的算法,太遗憾了。

没事儿,最速下降法也不会白学,随机梯度下降法就是以最速下降法为基础的。

是这样啊。

你还记得最速下降法的参数更新表达式吗?

嗯，就是表达式 2.5.10 吧？

$$\theta_j := \theta_j - \eta \sum_{i=1}^{n} \left(f_{\boldsymbol{\theta}}(\boldsymbol{x}^{(i)}) - y^{(i)} \right) x_j^{(i)} \tag{2.6.1}$$

对。这个表达式使用了所有训练数据的误差，而在随机梯度下降法中会随机选择一个训练数据，并使用它来更新参数。这个表达式中的 k 就是被随机选中的数据索引。

$$\theta_j := \theta_j - \eta \left(f_{\boldsymbol{\theta}}(\boldsymbol{x}^{(k)}) - y^{(k)} \right) x_j^{(k)} \tag{2.6.2}$$

$\sum$ 变没啦。

最速下降法更新 1 次参数的时间，随机梯度下降法可以更新 n 次。此外，随机梯度下降法由于训练数据是随机选择的，更新参数时使用的又是选择数据时的梯度，所以不容易陷入目标函数的局部最优解。

随机选择训练数据来学习这种做法看起来有些敷衍，真的能找到答案吗？

虽然有些不可思议，但实际上的确会收敛。

真是不可思议……

我们前面提到了随机选择 1 个训练数据的做法，此外还有随机选择 m 个训练数据来更新参数的做法。

这样啊，那具体选择几个是可以由自己决定的吧？

嗯，设随机选择 m 个训练数据的索引的集合为 K，那么我们这样来更新参数。

$$\theta_j := \theta_j - \eta \sum_{k \in K} \left(f_{\boldsymbol{\theta}}(\boldsymbol{x}^{(k)}) - y^{(k)} \right) x_j^{(k)} \tag{2.6.3}$$

> **❗ 提 示**
>
> 关于 $\sum\limits_{k \in K}$ 的更多内容，请参考附录 A.1。

假设训练数据有 100 个，那么在 $m = 10$ 时，创建一个有 10 个随机数的索引的集合，例如 $K = \{61, 53, 59, 16, 30, 21, 85, 31, 51, 10\}$，然后重复更新参数就行了吗？

就是这样。这种做法被称为**小批量**（mini-batch）**梯度下降法**。

这像是介于最速下降法和随机梯度下降法之间的方法。

不管是随机梯度下降法还是小批量梯度下降法，我们都必须考虑学习率 η。把 η 设置为合适的值是很重要的。

那学习率是如何决定的呢？也是随意决定的吗？

这是一个很难的问题。可以通过反复尝试来找到合适的值，不过，除此之外还有几个办法，你可以研究一下，我觉得会很有意思。

好呀。不过今天我学到了好多东西，现在有点累了……等我实现的时候要是碰到了问题再去研究好了。

 也好。还没开始做就什么都往脑子里塞，会把头撑破的。

 是啊，谢谢你！

第 **3** 章

学习分类
基于图像大小进行分类

今天，绫乃请美绪教她关于"分类"的知识。
绫乃想对时装的照片进行分类，她能不能做到呢？
这一章会出现较难的术语，不过美绪会耐心讲解的，
大家和绫乃一起来学习吧。

3.1 设置问题

那今天我们就来看一下分类吧。和讲解回归的时候一样，我将结合具体的例子来讲，没问题吧？

好的好的。具体的例子就像我将来的男朋友一样重要！

又是一个让人摸不着头脑的比喻……好吧，那我们从哪儿讲起呢？

对了，我花了一点儿钱打广告之后，我的 Web 网站的访问数就增加了。现在网站上积累了许多时装照片，所以我们就从时装照片的分类开始讲怎么样？

图像是高维度数据，贸然开始处理会有点难啊……

啊……好吧。好不容易积累了照片，本来想用起来的……

这样吧，我们不去考虑图像本身的内容，只根据尺寸把它分类为纵向图像和横向图像，你看怎么样？

把图像分成两种类别……这就是**二分类**问题吧？

没错。只要看一眼图像尺寸，马上就可以知道它是纵向的还是横向的。我觉得这种难度的问题适合作为第一个例子。

简单的问题当然很好，不过如果太简单，会不会就没有挑战的乐趣了？

我懂你的意思。这个问题虽然很简单，却很适合用来介绍分类，所以放心好了。

好的，那我就洗耳恭听了。

你看这张图像是纵向的还是横向的（图 3-1）？

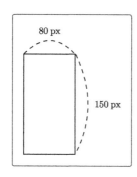

图 3-1

当然是纵向的。

那这个呢（图 3-2）？

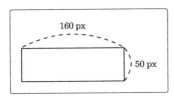

图 3-2

横向的。

也就是说，我们现在有了两个这样的训练数据（表 3-1）。

表 3-1

宽	高	形状
80	150	纵向
160	50	横向

原来如此，高和宽的部分是数据，形状的部分是标签。

是的。设 x 轴为图像的宽、y 轴为图像的高，那么把训练数据展现在图上就是这样的（图 3-3），没问题吧？

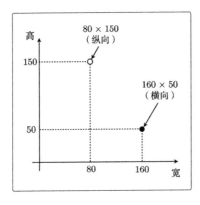

图 3-3

白色的点是纵向图像，黑色的点是横向图像，对吧？嗯……意思我大概懂了。

很棒。不过，只有两个训练数据确实太少了，再增加一些数据吧（表3-2）。

表 3-2

宽	高	形状
80	150	纵向
60	110	纵向
35	130	纵向
160	50	横向
160	20	横向
125	30	横向

这些数据在图上就是这样的吧（图 3-4 ）？

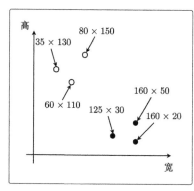

图 3-4

嗯，很好。如果只用一条线将图中白色的点和黑色的点分开，你觉得这条线该怎么画？

63

那肯定要这样画了（图 3-5）。

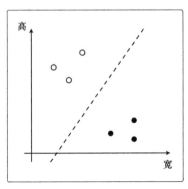

图 3-5

 是的。这次分类的目的就是找到这条线。

 原来是这样。只要找到这条线，就可以根据点在线的哪一边来判断图像是横向还是纵向的了。

3.2 | 内积

 找到一条线，这也就意味着我们要像学习回归时那样，求出一次函数的斜率和截距吧？

 不是的，这个又不一样了。

欸，不是吗？这条线看起来也像是有截距和斜率的一次函数啊……

但这次的目的是找出**向量**哦。

啊，向量又出现了……

> **！提示**
>
> 关于向量和内积（后面会讲到）的更多内容，请参考附录 A.6。

分类用图形来解释更容易理解，所以把它想象为有大小和方向的、带箭头的向量比较好。

我没听懂什么意思，再详细讲一下吧。

刚才你画的那条线，是使**权重向量**成为**法线向量**的直线。设权重向量为 w，那么那条直线的表达式就是这样的。

$$w \cdot x = 0 \tag{3.2.1}$$

啊，越来越难了……权重向量到底是什么？这个表达式的意思我也完全不理解……

权重向量就是我们想要知道的未知参数，w 是权重一词的英文——weight 的首字母。上次学习回归时，我们为了求未知参数 θ 做了很多事情，而 w 和 θ 是一样的。

所以它们都是参数，只是叫法不同。

嗯。表达式 3.2.1 是两个向量的**内积**，你知道内积吗？

我倒是记得内积的计算方法……

实向量空间的内积是各相应元素乘积的和，所以刚才的表达式也可以写成这样。

$$\boldsymbol{w} \cdot \boldsymbol{x} = \sum_{i=1}^{n} w_i x_i = 0 \tag{3.2.2}$$

对对，内积是这样算的。现在要考虑的是有宽和高的二维情况，所以 $n = 2$ 就可以了吧？

是的，下面具体地展开 $\sum$ 符号。

$$\boldsymbol{w} \cdot \boldsymbol{x} = w_1 x_1 + w_2 x_2 = 0 \tag{3.2.3}$$

嗯，这里我懂了。还有，我记得法线是垂直的呀？

> **❶ 提 示**
>
> 关于法线的更多内容，请参考附录 A.6。

是的。法线是与某条直线相垂直的向量。当你哪里不明白时，代入具体的值来看一下就容易理解了。比如我们设权重向量为 $\boldsymbol{w} = (1,1)$，那么刚才的内积表达式会变成什么样呢？

只要代入就好了对吧？是这样吗？

$$
\begin{aligned}
\boldsymbol{w} \cdot \boldsymbol{x} &= w_1 x_1 + w_2 x_2 \\
&= 1 \cdot x_1 + 1 \cdot x_2 \\
&= x_1 + x_2 = 0
\end{aligned} \tag{3.2.4}
$$

是的。移项变形之后，表达式变成 $x_2 = -x_1$ 了。这就是斜率为 -1 的直线（图 3-6）。

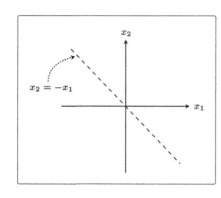

图 3-6

啊，原来内积表达式表示的是这样的直线呀。

是的哦。在这张图上再画上刚才确定的权重向量 $\boldsymbol{w} = (1,1)$ 就更容易理解了（图 3-7）。

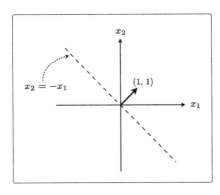

图 3-7

权重向量 w 和这条直线是垂直的!

这就是"使权重向量成为法线向量的直线"在图形上的解释。大概懂了吧?

嗯,有意思。说到图形上的解释,我想起了用向量之间的夹角 θ 和 $\cos$ 计算内积的表达式……好像是这样的。

$$\boldsymbol{w} \cdot \boldsymbol{x} = |\boldsymbol{w}| \cdot |\boldsymbol{x}| \cdot \cos \theta \tag{3.2.5}$$

这是内积的另一个表达式。用这个表达式也没有问题。表达式中的 $|\boldsymbol{w}|$ 和 $|\boldsymbol{x}|$ 是向量的长,因此必定是正数。所以要想使内积为 0,只能使 $\cos \theta = 0$。要想使 $\cos \theta = 0$,也就意味着 $\theta = 90°$ 或 $\theta = 270°$。这两种情况也是直角。

原来如此。像这样与 w 成直角的向量有很多,它们连成了一条直线。

从不同的角度去看会非常有意思,而且这么做也会加深我们的理解。

最终找到与我画的直线成直角的权重向量就行了吗（图 3-8）？

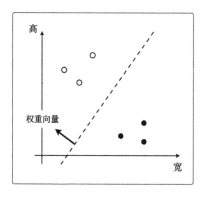

图 3-8

是的。当然，一开始并不存在你画的那种直线，而是要通过训练找到权重向量，然后才能得到与这个向量垂直的直线，最后根据这条直线就可以对数据进行分类了。

3.3 | 感知机

具体要如何求出权重向量呢？

基本做法和回归时相同：将权重向量用作参数，创建更新表达式来更新参数。接下来，我要说明的就是被称为**感知机**（perceptron）的模型。

感知机！我在上网搜索机器学习的时候见过，感觉这个名字好酷啊。

入门知识里经常会提到它。感知机是接受多个输入后将每个值与各自的权重相乘，最后输出总和的模型。人们常用这样的图来表示它（图3-9）。

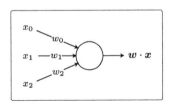

图 3-9

原来是向量间的内积呀。这张图我好像也见过。

这次我准备从图形的角度来讲解它。我觉得这样更直观、更易于理解。

这样啊。只要我能理解，你怎么讲都行。

另外，感知机是非常简单的模型，基本不会应用在实际的问题中。但它是神经网络和深度学习的基础模型，所以记住它没坏处。

啊，原来它是那个深度学习的基础模型呀。等掌握了机器学习的基础知识以后，我还想学深度学习。到时候再教教我呀。

没问题！不过有点跑题了，我们还是先来详细了解一下感知机吧。

感知机的参数更新表达式是什么样的呢？

在介绍参数更新表达式之前，我们最好做一些准备工作，我还是先讲一下这部分吧。

哦，好像还挺麻烦的……

3.3.1 | 训练数据的准备

首先是训练数据。设表示宽的轴为 x_1、表示高的轴为 x_2，用 y 来表示图像是横向还是纵向的，横向的值为 1、纵向的值为 -1。这些都没问题吧？

没问题。画成表就是这样的吧（表 3-3）？

表 3-3

图像大小	形状	x_1	x_2	y
80×150	纵向	80	150	-1
60×110	纵向	60	110	-1
35×130	纵向	35	130	-1
160×50	横向	160	50	1
160×20	横向	160	20	1
125×30	横向	125	30	1

很好。接下来，根据参数向量 $\boldsymbol{x}$ 来判断图像是横向还是纵向的函数，即返回 1 或者 -1 的函数 $f_{\boldsymbol{w}}(\boldsymbol{x})$ 的定义如下。这个函数被称为**判别函数**。

$$f_{\boldsymbol{w}}(\boldsymbol{x}) = \begin{cases} 1 & (\boldsymbol{w} \cdot \boldsymbol{x} \geqslant 0) \\ -1 & (\boldsymbol{w} \cdot \boldsymbol{x} < 0) \end{cases}$$

$$(3.3.1)$$

也就是说，这是根据内积的符号来给出不同返回值的函数吗？这样就可以判断图像是横向还是纵向的了？

一起来思考一下吧。比如，与权重向量 w 的内积为负的向量 x 是什么样的向量呢？用图形来解释更容易理解，所以我们利用这个包含 cos 的表达式来思考。

$$w \cdot x = |w| \cdot |x| \cdot \cos\theta \qquad (3.3.2)$$

内积为负的向量……刚才美绪说 $|w|$ 和 $|x|$ 必定为正数，所以决定内积符号的是 $\cos\theta$ 吧？

是的，你学得很好嘛。那么回忆一下 $\cos\theta$ 的图，它什么时候为负呢？

$\cos\theta$ 的图是这样的（图 3-10）。

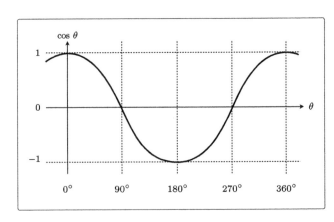

图 3-10

在 $90° < \theta < 270°$ 的时候 $\cos\theta$ 为负？

回答正确！那么这时候的向量在图形上处于什么位置呢？

与权重向量 w 之间的夹角为 θ，在 $90° < \theta < 270°$ 范围内的所有向量都符合条件……所以是不是就在这条直线下面、与权重向量方向相反的这个区域（图 3-11）？

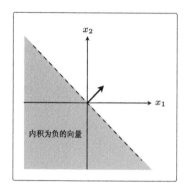

图 3-11

没错！既然这个都知道了，那么使内积为正的向量也知道了吧？

就是与负的区域相反的区域（图 3-12），对吧？

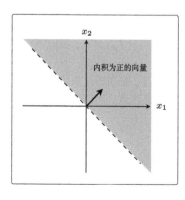

图 3-12

没错。能像这样在大脑中具体地想象出来也是很重要的。

原来可以根据内积的正负来分割呀，好厉害。

内积是衡量向量之间相似程度的指标。结果为正，说明二者相似；为 0 则二者垂直；为负则说明二者不相似。

内积原来是这个意思……学校里我可能也学过，不过全忘了。

不用就会忘的。

3.3.2 | 权重向量的更新表达式

准备工作到此就结束了。在这个基础上，我们可以这样定义权重向量的更新表达式。

$$\boldsymbol{w} := \begin{cases} \boldsymbol{w} + y^{(i)}\boldsymbol{x}^{(i)} & (f_{\boldsymbol{w}}(\boldsymbol{x}^{(i)}) \neq y^{(i)}) \\ \boldsymbol{w} & (f_{\boldsymbol{w}}(\boldsymbol{x}^{(i)}) = y^{(i)}) \end{cases} \tag{3.3.3}$$

i 在介绍回归的时候也出现过，它指的是训练数据的索引，而不是 i 次方的意思，这一点一定要注意。用这个表达式重复处理所有训练数据，更新权重向量。

啊，感觉又是一个乱七八糟的表达式嘛……

突然遇到看不懂的表达式时，先不要慌。虽然表达式整体看上去乱七八糟的，但是一部分一部分分解来看就不那么难了。好好地想清楚各部分的含义，再慢慢理解整体含义就好了。之前我们不也是这么做的吗？

好吧，你说得有道理。那我们先从表达式括号中的 $f_{\boldsymbol{w}}(\boldsymbol{x}^{(i)}) \neq y^{(i)}$ 开始看吧？

好啊。你觉得这个表达式是什么意思？

通过判别函数对宽和高的向量 $\boldsymbol{x}$ 进行分类的结果与实际的标签 y 不同？也就是说，判别函数的分类结果不正确。

对对对，是这个意思。那另外一个 $f_{\boldsymbol{w}}(\boldsymbol{x}^{(i)}) = y^{(i)}$ 呢？

这个的意思就是判别函数的分类结果是准确的。

这也就是说，刚才的更新表达式只有在判别函数分类失败的时候才会更新参数值。

啊，对呀。分类成功的时候是直接代入 $\boldsymbol{w}$ 的，所以什么都没有变。

对的。那接下来看一下分类失败时的更新表达式吧。

$\boldsymbol{w} := \boldsymbol{w} + y^{(i)}\boldsymbol{x}^{(i)}$ 吗？我不太明白它的含义……

光看这个表达式的话是会觉得很难。一边把学习过程实际地画在图上，一边去考虑它的含义可能就容易理解了。首先在图上随意画一个权重向量和直线吧。

随意画权重向量？那我就随意画了，像这样朝向左下方的也行吗（图 3-13）？

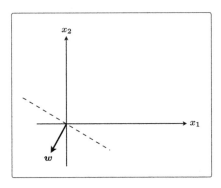

图 3-13

嗯，可以的。权重向量是通过随机值来初始化的，你刚才随意画的那个向量就可以是初始向量。

就像我们在回归时随意确定初始值一样啊。

在这个状态下，假设第一个训练数据是 $x^{(1)} = (125, 30)$（图 3-14），首先我们就用它来更新参数吧。

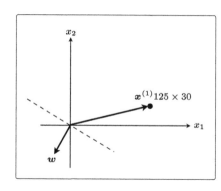

图 3-14

 这是表 3-3 列举的训练数据中的一个吧？标签是 1，它表示图像是横向的（表 3-4）。

表 3-4

图像大小	形状	x_1	x_2	y
125×30	横向	125	30	1

 是的。现在权重向量 w 和训练数据的向量 $x^{(1)}$ 二者的方向几乎相反，w 和 $x^{(1)}$ 之间的夹角 θ 的范围是 $90° < \theta < 270°$，内积为负。也就是说，判别函数 $f_w(x^{(1)})$ 的分类结果为 -1。到这里有没有问题？

 没有问题。训练数据 $x^{(1)}$ 的标签 $y^{(1)}$ 是 1，所以 $f_w(x^{(1)}) \neq y^{(1)}$ 说明分类失败。

 那我们在这里应用刚才的更新表达式。现在 $y^{(1)} = 1$，所以更新表达式是这样的，其实就是向量的加法。

$$w + y^{(1)}x^{(1)} = w + x^{(1)} \tag{3.3.4}$$

 向量的加法而已，这个我没问题。$w + x^{(1)}$ 是这样的吧（图 3-15）？

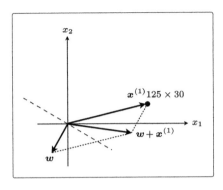

图 3-15

 是的。这个 $w + x^{(1)}$ 就是下一个新的 w，画一条与新的权重向量垂直的直线，相当于把原来的线旋转了一下（图 3-16）。

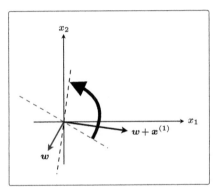

图 3-16

 真的是这样！刚才 $x^{(1)}$ 与权重向量分居直线两侧，现在它们在同一侧了（图 3-17）。

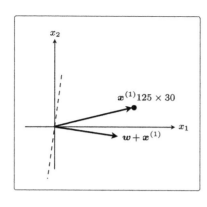

图 3-17

嗯，这次 $\theta < 90°$，所以内积为正，判别函数 $f_w(x)$ 的分类结果为 1。而且 $x^{(1)}$ 的标签也为 1，说明分类成功了。

原来是这样更新参数的权重向量呀。

刚才处理的是标签值 $y = 1$ 的情况，而对于 $y = -1$ 的情况，只是更新表达式的向量加法变成了减法而已，做的事情是一样的。

也就是说，虽然有加法和减法的区别，但它们的做法都是在分类失败时更新权重向量，使得直线旋转相应的角度？

是的。像这样重复更新所有的参数，就是感知机的学习方法。

我想用这个感知机来试试对时装的照片进行分类。

照片的分类啊……遗憾地告诉你，这可能做不到哦。

3.4 | 线性可分

这样呀……是因为感知机只是简单的模型吗?

是的。感知机非常简单又容易理解,但相应地,缺点也有很多。

真是应了那句老话,世界上没有免费的午餐……

倒是可以这么说……不过学习了感知机并不会白学啊。理解它的基本内容,并知道这种方法的优缺点也是很重要的。

感知机的缺点是什么?

最大的缺点就是**它只能解决线性可分**的问题。

什么是线性可分?

刚才我们尝试的是用直线对训练数据进行分类,现在假设有下面这张图里的数据(图 3-18),其中圆点为 1,叉号为 −1,如果只用一条直线对这些数据进行分类,应该画一条什么样的线呢?

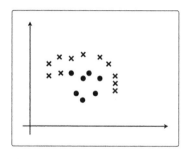

图 3-18

不要开玩笑嘛，这个怎么看都不能只用一条直线分类呀。

是啊，这是做不到的。线性可分指的就是能够使用直线分类的情况，像这样不能用直线分类的就不是线性可分。

这么说来，像照片这类的图像分类就不是线性可分了。

这类图像数据的维度一般会很高，所以无法可视化。但是想一想也知道，根据图像特征进行分类的任务肯定不是那么简单的。我想大部分情况下是线性不可分的。

我想起来了，你说过感知机是非常简单的模型，基本不会被应用在实际的问题中。

是的。之前提到的感知机也被称为简单感知机或单层感知机，真的是很弱的模型。不过，既然有单层感知机，那么就会有多层感知机。实际上多层感知机就是神经网络了。

噢噢，这就是神经网络啊，一定很厉害吧？

是的，它是表现力非常高的模型。不过继续说下去就又跑题了，以后有机会我们再聊这个。

既然感知机不能用，那还有别的解决办法吗？

有一个不同于感知机的算法能够很好地应用于线性不可分问题。这个算法更实用。

好，我们休息片刻，然后你再教我这个吧！

3.5 | 逻辑回归

基础技术果然还是很难应用在实践中呀。

是呀。不过理解原理也是很重要的。

有了基础才能谈应用啊。那个能应用于线性不可分问题的算法是什么样的呀？

我们还是用刚才按横向和纵向对图像进行分类的例子吧。

嗯？那不是线性可分的问题吗？我们不继续线性不可分的问题了？

接下来要讲的算法与感知机的方法不一样，所以先考虑线性可分的问题比较好，这样有助于我们掌握基础知识。

果然对基础知识的理解是很重要的。

是的，万事都是从基础开始的。回到刚才的话题，接下来要讲的算法与感知机的不同之处在于，它是把分类作为概率来考虑的。

欸，概率？图像为纵向的概率是 80%、为横向的概率是 20%，这样？

是呀，你真聪明！另外，这里设横向的值为 1、纵向的值为 0。

这个也和感知机的时候不一样了。纵向不是 −1 了？

只要是两个不同的值，用什么都可以。在学习感知机时之所以设置值为 1 和 −1，是因为这样会使参数更新表达式看起来更简洁，而现在则是设置为 1 和 0 会更简洁。

原来为了处理简便，这些地方可以自由决定呀。

3.5.1 | sigmoid 函数

那我继续往下讲，你还记得在学习回归时定义过这样一个带参数的函数吗？

$$f_{\boldsymbol{\theta}}(\boldsymbol{x}) = \boldsymbol{\theta}^{\mathrm{T}}\boldsymbol{x} \tag{3.5.1}$$

嗯，记得。这是通过最速下降法或随机梯度下降法来学习参数 $\boldsymbol{\theta}$ 的表达式。使用这个 $\boldsymbol{\theta}$ 能够求出对未知数据 $\boldsymbol{x}$ 的输出值。

这里的思路是一样的。我们需要能够将未知数据分类为某个类别的函数 $f_{\boldsymbol{\theta}}(\boldsymbol{x})$。

这是和感知机的判别函数 $f_{\boldsymbol{w}}(\boldsymbol{x})$ 类似的东西？

是的，作用是相同的。使用与回归时同样的参数 $\boldsymbol{\theta}$，函数的形式就是这样的。

$$f_{\boldsymbol{\theta}}(\boldsymbol{x}) = \frac{1}{1 + \exp(-\boldsymbol{\theta}^{\mathrm{T}}\boldsymbol{x})} \tag{3.5.2}$$

又来了又来了，一下子就变难了！

你才又来了……冷静下来，一部分一部分看就没问题啦。

$\exp(-\boldsymbol{\theta}^{\mathrm{T}}\boldsymbol{x})$ 是什么来着？

exp 的全称是 exponential，即指数函数。$\exp(x)$ 与 e^x 含义相同，只是写法不同。e 是**自然常数**，具体的值为 $2.7182\ldots$。

哦，也就是说 $\exp(-\boldsymbol{\theta}^{\mathrm{T}}\boldsymbol{x})$ 可以换成 $\mathrm{e}^{-\boldsymbol{\theta}^{\mathrm{T}}\boldsymbol{x}}$ 这样的写法？

 是啊。指数部分如果过于复杂，上标的字号太小会很难看清，所以这时候使用 exp 写法的情况比较多。

 原来是这样，确实 exp 的形式更方便看。

 回到正题。这个函数的名字叫 **sigmoid 函数**，设 $\boldsymbol{\theta}^{\mathrm{T}}\boldsymbol{x}$ 为横轴，$f_{\boldsymbol{\theta}}(\boldsymbol{x})$ 为纵轴，那么它的图形是这样的（图 3-19）。

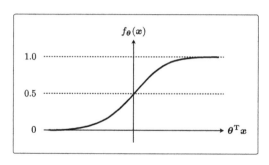

图 3-19

 哇，好漂亮的形状。很光滑的曲线啊。

 $\boldsymbol{\theta}^{\mathrm{T}}\boldsymbol{x}=0$ 时 $f_{\boldsymbol{\theta}}(\boldsymbol{x})=0.5$，以及 $0<f_{\boldsymbol{\theta}}(\boldsymbol{x})<1$ 是 sigmoid 函数的两个特征。

 这个函数的图形我知道了，但用这样的函数真能分类吗？

首先，刚才说到我们要用概率来考虑分类。因为 sigmoid 函数的取值范围是 $0 < f_{\boldsymbol{\theta}}(\boldsymbol{x}) < 1$，所以它可以作为概率来使用。

啊，确实是这样。sigmoid 函数可以作为概率使用这一点我理解了，但是不理解为什么使用它就可以对数据进行分类。

这个让我们一起来看一下。

3.5.2 | 决策边界

刚才说到把表达式 3.5.2 的 $f_{\boldsymbol{\theta}}(\boldsymbol{x})$ 当作概率来使用，那么接下来我们就把未知数据 $\boldsymbol{x}$ 是横向图像的概率作为 $f_{\boldsymbol{\theta}}(\boldsymbol{x})$。其表达式是这样的。

$$P(y = 1 \mid \boldsymbol{x}) = f_{\boldsymbol{\theta}}(\boldsymbol{x}) \tag{3.5.3}$$

啊，这是什么来着……概率符号？P 中的竖线是条件概率吧？

没错，正是**条件概率**。这是在给出 $\boldsymbol{x}$ 数据时 $y = 1$，即图像为横向的概率。假如 $f_{\boldsymbol{\theta}}(\boldsymbol{x})$ 的计算结果是 0.7，你认为这是什么意思呢？

$f_{\boldsymbol{\theta}}(\boldsymbol{x}) = 0.7$ 的意思是图像为横向的概率是 70% 吧。一般来说这样就可以把 $\boldsymbol{x}$ 分类为横向了吧？

那如果 $f_{\boldsymbol{\theta}}(\boldsymbol{x}) = 0.2$ 呢？

横向的概率为 20%、纵向的概率为 80%，这种状态可以分类为纵向。

是的。你应该是以 0.5 为阈值，然后把 $f_{\boldsymbol{\theta}}(\boldsymbol{x})$ 的结果与它相比较，从而分类横向或纵向的吧？

$$y = \begin{cases} 1 & (f_{\boldsymbol{\theta}}(\boldsymbol{x}) \geqslant 0.5) \\ 0 & (f_{\boldsymbol{\theta}}(\boldsymbol{x}) < 0.5) \end{cases} \tag{3.5.4}$$

啊，是的……其实我刚才还没有意识到这个，但仔细一想，我确实是这样分类的。

我希望你注意一下这个阈值 0.5，刚才我们看 sigmoid 函数的时候它也出现了吧？

出现了。在 $\boldsymbol{\theta}^{\mathrm{T}}\boldsymbol{x} = 0$ 时，$f_{\boldsymbol{\theta}}(\boldsymbol{x}) = 0.5$（图 3-20）。

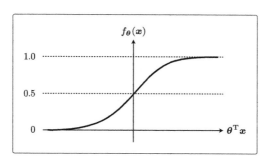

图 3-20

是的。从图中可以看出在 $f_{\boldsymbol{\theta}}(\boldsymbol{x}) \geqslant 0.5$ 时，$\boldsymbol{\theta}^{\mathrm{T}}\boldsymbol{x} \geqslant 0$。这个理解吗？

嗯，根据图来看确实是这样的。反过来在 $f_\theta(x) < 0.5$ 时，$\theta^\mathrm{T}x < 0$ 对吧（图 3-21）？

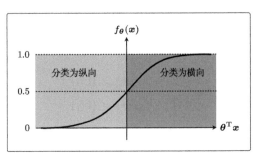

图 3-21

没错。所以我们可以把表达式 3.5.4 改写为这种形式。

$$y = \begin{cases} 1 & (\theta^\mathrm{T}x \geqslant 0) \\ 0 & (\theta^\mathrm{T}x < 0) \end{cases}$$

$$(3.5.5)$$

这个我明白，但是改写的意义在哪里呢？

下面我们像学习感知机时那样，设横轴为图像的宽（x_1）、纵轴为图像的高（x_2），并且画出图来考虑吧。

像图 3-4 那样，把训练数据都展示在图上吗？

是的。然后像学习回归时那样，先随便确定 θ 再具体地去考虑。比如当 θ 是这样的向量时，我们来画一下 $\theta^\mathrm{T}x \geqslant 0$ 的图像。

$$\boldsymbol{\theta} = \begin{bmatrix} \theta_0 \\ \theta_1 \\ \theta_2 \end{bmatrix} = \begin{bmatrix} -100 \\ 2 \\ 1 \end{bmatrix}, \quad \boldsymbol{x} = \begin{bmatrix} 1 \\ x_1 \\ x_2 \end{bmatrix} \tag{3.5.6}$$

好的。那就先代入数据，把表达式变为容易理解的形式。

$$\boldsymbol{\theta}^{\mathrm{T}}\boldsymbol{x} = -100 \cdot 1 + 2x_1 + x_2 \geqslant 0$$
$$x_2 \geqslant -2x_1 + 100 \tag{3.5.7}$$

很好。这个不等式表示的范围也就是图像被分类为横向的范围了。

这个不等式的图是这样的吗（图 3-22）?

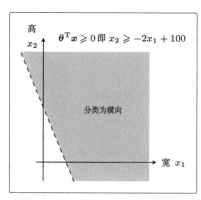

图 3-22

是的。那分类为纵向的范围呢?

就是另一侧（图 3-23）。

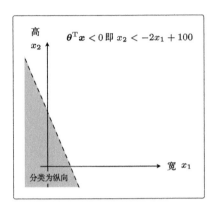

图 3-23

 也就是说，我们将 $\boldsymbol{\theta}^{\mathrm{T}}\boldsymbol{x} = 0$ 这条直线作为边界线，就可以把这条线两侧的数据分类为横向和纵向了。

 原来如此。这样真直观易懂啊。

 这样用于数据分类的直线称为**决策边界**。

 实际应用时这个决策边界似乎不能正确地分类图像（图 3-24），这是因为我们决定参数时太随意了吗?

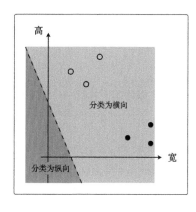

图 3-24

 是的,和回归的时候一样,是因为我们随意决定了参数。那么你应该知道接下来要做什么了吧?

 为了求得正确的参数 θ 而定义**目标函数**,进行微分,然后求参数的更新表达式?

 回答正确!这种算法就称为**逻辑回归**。

3.6 | 似然函数

 现在,我们就一起来求参数的更新表达式吧。

 和回归时的做法是一样的吧?我现在也能做了。

真不巧，逻辑回归的目标函数与之前的不一样哦。

欸，这样吗？原来和最小二乘法不一样啊……那逻辑回归的目标函数是什么形式的?

一开始我们把 x 为横向的概率 $P(y = 1|x)$ 定义为 $f_\theta(x)$ 了。基于这一点，你认为训练数据的标签 y 和 $f_\theta(x)$ 是什么样的关系会比较理想呢？

我记得学习回归的时候你也问过这个问题。既然 $f_\theta(x)$ 是 x 为横向时的概率……那么在 $y = 1$ 时 $f_\theta(x) = 1$，$y = 0$ 时 $f_\theta(x) = 0$ 的关系就是理想的吗？

对对。我们把这句话换成这样的说法，没问题吧？

- $y = 1$ 的时候，我们希望概率 $P(y = 1|x)$ 是最大的
- $y = 0$ 的时候，我们希望概率 $P(y = 0|x)$ 是最大的

嗯，没问题。$P(y = 1|x)$ 是图像为横向的概率，$P(y = 0|x)$ 是图像为纵向的概率。

是的。这适用于全部的训练数据。对于一开始列举的那 6 个训练数据，我们期待的最大概率是这样的（表 3-5）。

表 3-5

图像大小	形状	y	概率
80×150	纵向	0	期待 $P(y = 0\|x)$ 最大
60×110	纵向	0	期待 $P(y = 0\|x)$ 最大
35×130	纵向	0	期待 $P(y = 0\|x)$ 最大
160×50	横向	1	期待 $P(y = 1\|x)$ 最大
160×20	横向	1	期待 $P(y = 1\|x)$ 最大
125×30	横向	1	期待 $P(y = 1\|x)$ 最大

而且，假定所有的训练数据都是互不影响、独立发生的，这种情况下整体的概率就可以用下面的联合概率来表示。

$$L(\boldsymbol{\theta}) = P(y^{(1)} = 0 \mid \boldsymbol{x}^{(1)})P(y^{(2)} = 0 \mid \boldsymbol{x}^{(2)}) \cdots P(y^{(6)} = 1 \mid \boldsymbol{x}^{(6)}) \quad (3.6.1)$$

把全部的概率乘起来吗?

想一想扔 2 次骰子的情况。第 1 次的结果是 1 点，且第 2 次的结果是 2 点的概率是多少呢? 首先 1 点出现的概率是 $\frac{1}{6}$，接下来 2 点出现的概率是 $\frac{1}{6}$，二者连续发生的概率就要使用乘法计算，其表达式是这样的。

$$\frac{1}{6} \times \frac{1}{6} = \frac{1}{36} \quad (3.6.2)$$

啊，我懂了。第 1 次的概率是 $P(y^{(1)} = 0|\boldsymbol{x}^{(1)})$，第 2 次的概率是 $P(y^{(2)} = 0|\boldsymbol{x}^{(2)})$……我们要计算的是连续发生 6 次的概率，对吧?

没错，而且联合概率的表达式是可以一般化的，写法如下。

$$L(\boldsymbol{\theta}) = \prod_{i=1}^{n} P(y^{(i)} = 1 \mid \boldsymbol{x}^{(i)})^{y^{(i)}} P(y^{(i)} = 0 \mid \boldsymbol{x}^{(i)})^{1-y^{(i)}} \quad (3.6.3)$$

> **! 提 示**
>
> 关于 $\prod$（读作"派"）的更多内容，请参考附录 A.1。

……这个我看不懂!

一猜你就是这个反应。虽然看起来有点乱，但就像之前说的那样，只要把每一个组成部分都理解了就不会那么难了。

好吧，我需要先冷静下来……还是好慌！从哪里看起才好呢？

我们分别考虑 $y^{(i)}$ 为 1 或为 0 时的 $P(y^{(i)}=1|\boldsymbol{x}^{(i)})^{y^{(i)}} P(y^{(i)}=0|\boldsymbol{x}^{(i)})^{1-y^{(i)}}$。$P$ 右上角的 $y^{(i)}$ 和 $1-y^{(i)}$ 表示指数。

好，分别考虑……首先向指数 $y^{(i)}$ 代入 1。

$$P(y^{(i)}=1 \mid \boldsymbol{x}^{(i)})^1 P(y^{(i)}=0 \mid \boldsymbol{x}^{(i)})^{1-1}$$
$$= P(y^{(i)}=1 \mid \boldsymbol{x}^{(i)})^1 P(y^{(i)}=0 \mid \boldsymbol{x}^{(i)})^0$$
$$= P(y^{(i)}=1 \mid \boldsymbol{x}^{(i)}) \tag{3.6.4}$$

啊，这样就只剩 $y^{(i)}=1$ 的概率了。莫非 $y^{(i)}=0$ 的时候也一样？

$$P(y^{(i)}=1 \mid \boldsymbol{x}^{(i)})^0 P(y^{(i)}=0 \mid \boldsymbol{x}^{(i)})^{1-0}$$
$$= P(y^{(i)}=1 \mid \boldsymbol{x}^{(i)})^0 P(y^{(i)}=0 \mid \boldsymbol{x}^{(i)})^1$$
$$= P(y^{(i)}=0 \mid \boldsymbol{x}^{(i)}) \tag{3.6.5}$$

是的。这个表达式利用了任何数字的 0 次方都是 1 的特性。这里明白了吗？

原来是这样。想出这个表达式的人挺厉害的……

比起区分各种情况的写法，还是汇总到一个表达式的写法更简单。

嗯。现在我们总算知道它的目标函数了。

是呀。接下来考虑一下使这个目标函数最大化的参数 θ 吧。

原来是这么回事。回归的时候处理的是误差，所以要最小化，而现在考虑的是联合概率，我们希望概率尽可能大，所以要最大化，对吗？

对的。这里的目标函数 $L(\theta)$ 也被称为**似然**，函数的名字 L 取自似然的英文单词 Likelihood 的首字母。

似然……原来还有这样的词。

它的意思是最近似的。我们可以认为似然函数 $L(\theta)$ 中，使其值最大的参数 θ 能够最近似地说明训练数据。

唉，感觉很难啊……

似然是不容易理解的概念，这里不懂它也没关系。只要记住这个词就行了。

好，这样我就稍稍放心了。

3.7 | 对数似然函数

那么我们就对似然函数进行微分，求出参数 $\boldsymbol{\theta}$ 就行了吗？

是的。不过直接对似然函数进行微分有点困难，在此之前要把函数变形。

为什么有点困难？

首先它是联合概率。概率都是 1 以下的数，所以像联合概率这种概率乘法的值会越来越小。

的确如此。如果值太小，编程时会出现精度问题。

是呀，这是第一个处理起来有点难的地方。另外还有一个，那就是乘法。与加法相比，乘法的计算量要大得多。

嗯，确实加法计算更简单。但是，有解决这个问题的办法吗？

只要取似然函数的对数就好了。像这样在等式两边加上 log 即可。

$$\log L(\boldsymbol{\theta}) = \log \prod_{i=1}^{n} P(y^{(i)} = 1 \mid \boldsymbol{x}^{(i)})^{y^{(i)}} P(y^{(i)} = 0 \mid \boldsymbol{x}^{(i)})^{1-y^{(i)}}$$

$$(3.7.1)$$

> **!** 提 示
>
> 关于对数的更多内容，请参考附录 A.7。

 乍一看好像反而更难了……回归的时候是随便乘了个常数，这次随便取对数也没问题吗？

 没问题的，因为 log 是单调递增函数。log 函数的图形还记得吗？

 我记得是这样的（图 3-25），没错吧？

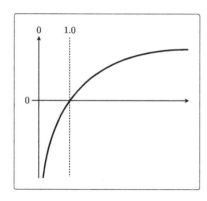

图 3-25

 对对。图形一直向右上方延伸。单调递增函数是在 $x_1 < x_2$ 时，$f(x_1) < f(x_2)$ 的函数 $f(x)$。

 原来如此。的确，$\log(x)$ 的图形一直向右上方延伸，而且在 $x_1 < x_2$ 时，$\log(x_1) < \log(x_2)$ 也成立。

 嗯，所以我们现在考察的似然函数也是在 $L(\theta_1) < L(\theta_2)$ 时，有 $\log L(\theta_1) < \log L(\theta_2)$ 成立。也就是说，使 $L(\theta)$ 最大化等价于使 $\log L(\theta)$ 最大化。

欸，这个思路真巧妙呀。

那我们把对数似然函数变形看看。

$$
\begin{aligned}
\log L(\boldsymbol{\theta}) &= \log \prod_{i=1}^{n} P(y^{(i)} = 1 \mid \boldsymbol{x}^{(i)})^{y^{(i)}} P(y^{(i)} = 0 \mid \boldsymbol{x}^{(i)})^{1 - y^{(i)}} \\
&= \sum_{i=1}^{n} \left(\log P(y^{(i)} = 1 \mid \boldsymbol{x}^{(i)})^{y^{(i)}} + \log P(y^{(i)} = 0 \mid \boldsymbol{x}^{(i)})^{1 - y^{(i)}} \right) \\
&= \sum_{i=1}^{n} \left(y^{(i)} \log P(y^{(i)} = 1 \mid \boldsymbol{x}^{(i)}) + (1 - y^{(i)}) \log P(y^{(i)} = 0 \mid \boldsymbol{x}^{(i)}) \right) \\
&= \sum_{I=1}^{n} \left(y^{(i)} \log P(y^{(i)} = 1 \mid \boldsymbol{x}^{(i)}) + (1 - y^{(i)}) \log(1 - P(y^{(i)} = 1 \mid \boldsymbol{x}^{(i)})) \right) \\
&= \sum_{i=1}^{n} \left(y^{(i)} \log f_{\boldsymbol{\theta}}(\boldsymbol{x}^{(i)}) + (1 - y^{(i)}) \log(1 - f_{\boldsymbol{\theta}}(\boldsymbol{x}^{(i)})) \right)
\end{aligned}
\tag{3.7.2}
$$

这个变形过程好像有点复杂……

每一行的变形分别利用了下面这些特性，你好好理解一下。

- 第 2 行是 $\log(ab) = \log a + \log b$
- 第 3 行是 $\log a^b = b \log a$
- 第 4 行是 $P(y^{(i)} = 0 \mid \boldsymbol{x}^{(i)}) = 1 - P(y^{(i)} = 1 \mid \boldsymbol{x}^{(i)})$
- 第 5 行是表达式 3.5.3

前两个是对数函数的特性吧？第 4 行为什么是那样的呢？

现在我们考虑的只有 $y = 1$ 和 $y = 0$ 两种情况，所以应有 $P(y^{(i)} = 0 \mid \boldsymbol{x}^{(i)}) + P(y^{(i)} = 1 \mid \boldsymbol{x}^{(i)}) = 1$。

啊，原来如此。所有情况的概率之和都是 1 呀。

3.7.1 | 似然函数的微分

前面讲了很多，总结一下就是逻辑回归将这个对数似然函数用作目标函数。

$$\log L(\boldsymbol{\theta}) = \sum_{i=1}^{n} \Big(y^{(i)} \log f_{\boldsymbol{\theta}}(\boldsymbol{x}^{(i)}) + (1 - y^{(i)}) \log(1 - f_{\boldsymbol{\theta}}(\boldsymbol{x}^{(i)})) \Big) \quad (3.7.3)$$

接下来，对各个参数 θ_j 求微分就行了吧？

没错，我们来算算看。

$$\frac{\partial \log L(\boldsymbol{\theta})}{\partial \theta_j} = \frac{\partial}{\partial \theta_j} \sum_{i=1}^{n} \Big(y^{(i)} \log f_{\boldsymbol{\theta}}(\boldsymbol{x}^{(i)}) + (1 - y^{(i)}) \log(1 - f_{\boldsymbol{\theta}}(\boldsymbol{x}^{(i)})) \Big) \quad (3.7.4)$$

这个表达式的意思我不太理解……

和回归的时候是一样的，我们把似然函数也换成这样的复合函数，然后依次求微分。

$$\begin{aligned} u &= \log L(\boldsymbol{\theta}) \\ v &= f_{\boldsymbol{\theta}}(\boldsymbol{x}) \end{aligned} \quad (3.7.5)$$

是这样吧？

$$\frac{\partial u}{\partial \theta_j} = \frac{\partial u}{\partial v} \cdot \frac{\partial v}{\partial \theta_j} \qquad (3.7.6)$$

对的。首先从第 1 项开始计算。

$$\frac{\partial u}{\partial v} = \frac{\partial}{\partial v} \sum_{i=1}^{n} \left(y^{(i)} \log(v) + (1 - y^{(i)}) \log(1 - v) \right)$$

$$(3.7.7)$$

这个是 u 对 v 微分，$\log(v)$ 的微分是 $\frac{1}{v}$ 吧？

是的。不过对 $\log(1 - v)$ 微分时，要像这样通过复合函数来求。还要注意，这样做最后的表达式前面会有个负号。

$$s = 1 - v$$
$$t = \log(s)$$
$$\frac{\mathrm{d}t}{\mathrm{d}v} = \frac{\mathrm{d}t}{\mathrm{d}s} \cdot \frac{\mathrm{d}s}{\mathrm{d}v}$$
$$= \frac{1}{s} \cdot -1$$
$$= -\frac{1}{1 - v} \qquad (3.7.8)$$

好的。所以，微分结果是这样的吧？

$$\frac{\partial u}{\partial v} = \sum_{i=1}^{n} \left(\frac{y^{(i)}}{v} - \frac{1 - y^{(i)}}{1 - v} \right) \tag{3.7.9}$$

嗯，对的。

接下来是 v 对 θ_j 的微分，这个要怎么微分呀？

$$\frac{\partial v}{\partial \theta_j} = \frac{\partial}{\partial \theta_j} \frac{1}{1 + \exp(-\boldsymbol{\theta}^{\mathrm{T}} \boldsymbol{x})} \tag{3.7.10}$$

这个看上去有点麻烦，不过其实我们已经知道了 sigmoid 函数的微分是这样的，所以用这个应该就可以计算了。

$$\frac{\mathrm{d}\sigma(x)}{\mathrm{d}x} = \sigma(x)(1 - \sigma(x)) \tag{3.7.11}$$

好的。现在 $f_{\boldsymbol{\theta}}(\boldsymbol{x})$ 本身就是 sigmoid 函数，所以这个微分表达式可以直接使用。

是呀。设 $z = \boldsymbol{\theta}^{\mathrm{T}} \boldsymbol{x}$，然后再一次使用复合函数的微分会比较好。你来解解看。

$$z = \boldsymbol{\theta}^{\mathrm{T}} \boldsymbol{x}$$
$$v = f_{\boldsymbol{\theta}}(\boldsymbol{x}) = \frac{1}{1 + \exp(-z)}$$
$$\frac{\partial v}{\partial \theta_j} = \frac{\partial v}{\partial z} \cdot \frac{\partial z}{\partial \theta_j} \tag{3.7.12}$$

懂了……我来一步步地算算看。v 对 z 微分的部分也就是 sigmoid 函数的微分。

$$\frac{\partial v}{\partial z} = v(1 - v) \tag{3.7.13}$$

z 对 θ_j 的微分就简单了。

$$
\begin{aligned}
\frac{\partial z}{\partial \theta_j} &= \frac{\partial}{\partial \theta_j} \boldsymbol{\theta}^{\mathrm{T}} \boldsymbol{x} \\
&= \frac{\partial}{\partial \theta_j} (\theta_0 x_0 + \theta_1 x_1 + \cdots + \theta_n x_n) \\
&= x_j
\end{aligned} \tag{3.7.14}
$$

接下来把结果相乘就好了，是这样吧？

$$
\begin{aligned}
\frac{\partial v}{\partial \theta_j} &= \frac{\partial v}{\partial z} \cdot \frac{\partial z}{\partial \theta_j} \\
&= v(1 - v) \cdot x_j
\end{aligned} \tag{3.7.15}
$$

很好。那我们就代入各个结果，然后通过展开、约分，使表达式变得更简洁。

好的。

$$\frac{\partial u}{\partial \theta_j} = \frac{\partial u}{\partial v} \cdot \frac{\partial v}{\partial \theta_j}$$

$$= \sum_{i=1}^{n} \left(\frac{y^{(i)}}{v} - \frac{1 - y^{(i)}}{1 - v} \right) \cdot v(1 - v) \cdot x_j^{(i)}$$

$$= \sum_{i=1}^{n} \left(y^{(i)}(1 - v) - (1 - y^{(i)})v \right) x_j^{(i)}$$

$$= \sum_{i=1}^{n} \left(y^{(i)} - y^{(i)}v - v + y^{(i)}v \right) x_j^{(i)}$$

$$= \sum_{i=1}^{n} \left(y^{(i)} - v \right) x_j^{(i)}$$

$$= \sum_{i=1}^{n} \left(y^{(i)} - f_{\boldsymbol{\theta}}(\boldsymbol{x}^{(i)}) \right) x_j^{(i)} \tag{3.7.16}$$

没错，做得很好！

计算过程好复杂，不过最后的结果还挺简单的。

接下来要做的就是从这个表达式导出参数更新表达式。不过现在是以最大化为目标，所以必须按照与最小化时相反的方向移动参数哦。

原来如此……也就是说，最小化时要按照与微分结果的符号相反的方向移动，而最大化时要与微分结果的符号同向移动。这样行吗？

$$\theta_j := \theta_j + \eta \sum_{i=1}^{n} \left(y^{(i)} - f_{\boldsymbol{\theta}}(\boldsymbol{x}^{(i)}) \right) x_j^{(i)} \tag{3.7.17}$$

是的。为了与回归时的符号保持一致，也可以将表达式调整为下面这样。注意，η 之前的符号和 $\sum$ 中的符号反转了。

$$\theta_j := \theta_j - \eta \sum_{i=1}^{n} \left(f_{\boldsymbol{\theta}}(\boldsymbol{x}^{(i)}) - y^{(i)} \right) x_j^{(i)} \tag{3.7.18}$$

好的。这次的计算量太多，好累呀！

3.8 | 线性不可分

最后，我们将逻辑回归应用于**线性不可分**问题吧。

终于讲到这里啦。

这样的就是线性不可分（图 3-26），没问题吧？

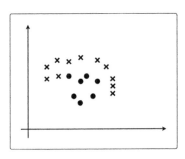

图 3-26

嗯，也就是用直线不能分类的问题，我记着呢。

是的。对于这个例子来说，虽然用直线不能分类，但是用曲线是不是就可以分类了（图 3-27）？

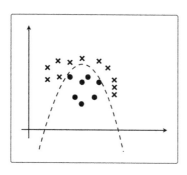

图 3-27

看上去是可以的。莫非我们要像学习多项式回归时那样，去增加次数？

欸？悟性很高嘛！那么，我们就向训练数据中加入 x_1^2，考虑这样的数据。

$$\boldsymbol{\theta} = \begin{bmatrix} \theta_0 \\ \theta_1 \\ \theta_2 \\ \theta_3 \end{bmatrix}, \quad \boldsymbol{x} = \begin{bmatrix} 1 \\ x_1 \\ x_2 \\ x_1^2 \end{bmatrix} \tag{3.8.1}$$

也就是这样的，对吧？

$$\boldsymbol{\theta}^{\mathrm{T}} \boldsymbol{x} = \theta_0 + \theta_1 x_1 + \theta_2 x_2 + \theta_3 x_1^2 \tag{3.8.2}$$

嗯。假设 $\boldsymbol{\theta}$ 是这样的向量,那么 $\boldsymbol{\theta}^{\mathrm{T}}\boldsymbol{x} \geqslant 0$ 的图形是什么样的呢?

$$\boldsymbol{\theta} = \begin{bmatrix} \theta_0 \\ \theta_1 \\ \theta_2 \\ \theta_3 \end{bmatrix} = \begin{bmatrix} 0 \\ 0 \\ 1 \\ -1 \end{bmatrix} \tag{3.8.3}$$

 因为 $\boldsymbol{\theta}^{\mathrm{T}}\boldsymbol{x} \geqslant 0$,先代入看看吧……然后像之前一样,变形试试。

$$\begin{aligned} \boldsymbol{\theta}^{\mathrm{T}}\boldsymbol{x} &= \theta_0 + \theta_1 x_1 + \theta_2 x_2 + \theta_3 x_1^2 \\ &= 0 + 0 \cdot x_1 + 1 \cdot x_2 + -1 \cdot x_1^2 \\ &= x_2 - x_1^2 \geqslant 0 \end{aligned} \tag{3.8.4}$$

 移项后最终得到的表达式是 $x_2 \geqslant x_1^2$。将这个画成图看看。

 画图……是这样的吗(图 3-28)?

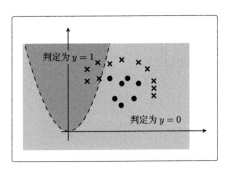

图 3-28

对的。之前的决策边界是直线，现在则是曲线了。参数 θ 是随便定的，所以数据完全没有被正确地分类。

不过，我知道将逻辑回归应用于线性不可分问题的方法了。原来并没有那么难呀。

之后通过随意地增加次数，就可以得到复杂形状的决策边界了。比如在 x_1^2 之外再增加一个 x_2^2，就会有圆形的决策边界。

在逻辑回归的参数更新中也可以使用随机梯度下降法吗？

当然可以。

太好了。逻辑回归虽然有点难，但是我们最后也求出它的参数更新表达式了。啊，好累啊！

还有一个名为 SVM，也就是支持向量机的分类算法也很有名。此外，还有多分类的做法，去学一学也是很有意思的。

好的。不过今天就先到这里吧，我们下次再聊！

第4章

评估
评估已建立的模型

现在，绫乃似乎已经相当了解机器学习的理论了。

不过在实际应用这些理论之前，还有一些必须要了解的知识。

在本章中，绫乃将与美绪一起学习如何"评估"已建立的模型。

同时也会复习之前学到的知识，所以请稍稍放松身心来阅读吧。

4.1 | 模型评估

 之前和你学到了好多理论知识，而且我也都理解了，好开心呀。

 任何事情理解之后都会很开心哦。

 我好想马上把学到的东西应用在实际问题上。

 能理解。你已经听了很多关于理论的说明，肯定会对实现感到跃跃欲试。不过在此之前，我还想和你聊一聊实际应用机器学习时会出现的问题，以及相应的处理方法。

 好吧。虽然很想快点去写代码，但是了解你说的这些知识也是很重要的，对吧？

 是的。接下来我要讲的内容与之前的不太一样，是关于**模型评估**的。

 模型评估？那是什么意思？

 在进行回归和分类时，为了进行预测，我们定义了函数 $f_\theta(x)$，然后根据训练数据求出了函数的参数 θ。

 你是说对目标函数进行微分，然后求出参数更新表达式的操作吧？我还记得呢。

那个时候，我们求出参数更新表达式之后就结束了。但是，其实我们真正想要的是通过预测函数得到预测值。以回归的那个例子来说，就是关于投入的广告费能带来多少点击量的预测值。

是的。

所以我们希望 $f_\theta(x)$ 对未知数据 x 输出的预测值尽可能正确。

那是当然。

那我们如何测量预测函数 $f_\theta(x)$ 的正确性，也就是**精度**呢?

观察函数的图形（图 4-1），看它能否很好地拟合训练数据?

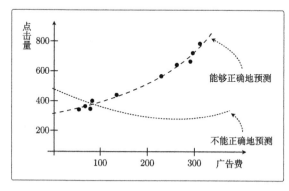

图 4-1

之前我说过，这是只有一个变量的简单问题，所以才能在图上展示出来。

对哦，你说过像多重回归这样的问题，变量增加后就不能在图上展示了，而且特意去画图也很麻烦。

是的，所以我们需要能够定量地表示机器学习模型的精度。

我懂了，这就是模型的评估吧？

没错。接下来我们就要考虑评估模型的方法。

不过我仔细想了想，既然这是从训练数据中得到的参数，那么训练结束之后得到的不就是正确的参数吗？

是的，但这样的参数只对训练数据才是正确的。

欸？什么意思呀？

为了让你理解这一点，我们一起来考虑一下评估模型是否正确的方法吧。

4.2 | 交叉验证

4.2.1 | 回归问题的验证

所以说要怎么评估模型呢？

把获取的全部训练数据分成两份：一份**用于测试**，一份**用于训练**。然后用前者来评估模型。

也就是说假如有 10 个训练数据，那么实际上会按照 5 个测试数据、5 个训练数据来分配它们，是吗？

嗯。一般来说，比起 5∶5，大多数情况会采用 3∶7 或者 2∶8 这种训练数据更多的比例。不过倒也没有特别规定必须要这样。

那我们就 3 个用于测试、7 个用于训练吧，怎么样？

嗯，可以的。也就是说，关于点击量预测的回归问题，我们现在有 10 个数据，其中测试数据和训练数据是这样分配的（图 4-2）。

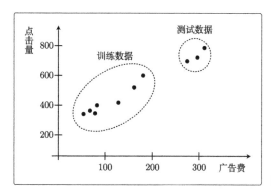

图 4-2

右侧的 3 个是测试数据、左侧的 7 个是训练数据，对吧？

其实不这样极端地分配效果会更好，不过姑且先这样吧。首先，我们来考虑使用左侧这 7 个数据来训练参数的情况。

用一次函数 $f_{\theta}(x) = \theta_0 + \theta_1 x$ [*] 就行了吧?

是的,先从一次函数开始考虑比较好。先不去管测试数据,只看那 7 个训练数据。你觉得拟合得最好的一次函数应该是什么样的?

嗯……这样的吧(图 4-3)?

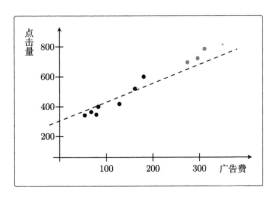

图 4-3

嗯,看上去不错。根据 7 个数据训练参数的话,这个一次函数应该就够了。

那刚才没有管的测试数据该怎么办呢?

这个先放着,等一下再看。接下来还是不管测试数据,考虑一下二次函数。这次应该是什么样的呢?

这样的二次函数(图 4-4)?

* 参见 2.3 节的表达式 2.3.1。

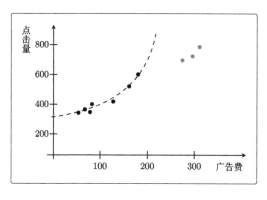

图 4-4

 不错嘛。如果 $f_\theta(x)$ 是二次函数，那它基本上就是这个形状。现在，你应该能明白"只有对训练数据才是正确的"是什么意思了吧？

 我懂啦！如果只看训练数据，那么二次函数比一次函数拟合得更好。但是，如果将测试数据也考虑进来，那么二次函数就完全不行了。

 是的。模型评估就是像这样检查训练好的模型对测试数据的拟合情况。

 原来是这么回事。也就是说，要把测试数据当作未知数据来考虑啊。

 没错。刚刚我讲解时利用了一次函数和二次函数模型的区别，但即使模型相同，如果训练数据过少，这种现象也会发生。

 那在训练结束之后，我们还得像这样检查一下测试数据是否也拟合吧？

 检查是要检查的，只是应用到现实生活中的问题时，大多数情况不能像现在这样画图来看，所以我们需要定量地衡量精度。

对呀！如果变量增加，就不能画图了。就算能画图，也会很麻烦。

对于回归的情况，只要在训练好的模型上计算测试数据的误差的平方，再取其平均值就可以了。假设测试数据有 n 个，那么可以这样计算。

$$\frac{1}{n}\sum_{i=1}^{n}\left(y^{(i)} - f_{\boldsymbol{\theta}}(\boldsymbol{x}^{(i)})\right)^2 \tag{4.2.1}$$

对于预测点击量的回归问题来说，$y^{(i)}$ 就是点击量，而 $\boldsymbol{x}^{(i)}$ 是广告费或广告版面的大小吧？

是的。这个值被称为**均方误差**或者 **MSE**，全称 Mean Square Error（图 4-5）。这个误差越小，精度就越高，模型也就越好。

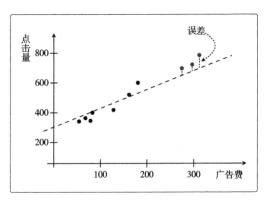

图 4-5

这么说起来，回归的目标函数也是误差函数吧？这与为了让误差函数的值变小而更新参数时所做的事情是一样的吧？

是的。另外，在分类问题中也会出现模型只能拟合训练数据的问题哦。

哦，对呀。还有分类问题。

4.2.2 | 分类问题的验证

与回归的时候一样，我们先考虑数据的分配。姑且先这样分配吧（图 4-6）。

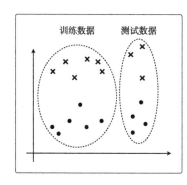

训练数据　测试数据

图 4-6

还是先不管测试数据吗？

是的。"数据的分配方法不要太极端其实会更好"这一点与回归的时候也是一样的。假设在逻辑回归的情况下，$\theta^\mathrm{T}x$ 是简单的一次函数，那么只根据训练数据进行训练后，决策边界应该是这样的（图 4-7）。

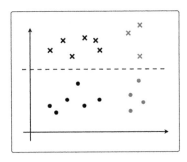

图 4-7

 分类效果很好啊。

 但是假如 $\theta^{\mathrm{T}}x$ 更加复杂，可能就会像这样紧贴着训练数据进行分类（图 4-8）。

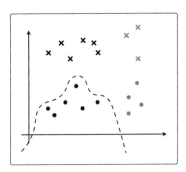

图 4-8

 可以对训练数据完美地进行分类，却完全忽视了测试数据。

 是的。所以在分类的时候，我们还必须检查模型是否正确。

那在这里我们也使用均方误差来计算误差就行了吗？

对于分类有别的指标。由于回归是连续值，所以可以从误差入手，但是在分类中我们必须要考虑分类的类别是否正确。

哦哦，确实是这样。在回归中要考虑的是答案不完全一致时的误差，而分类中要考虑的是答案是否正确。

没错。回忆一下逻辑回归的内容，那时候我们对图像是横向的还是纵向的进行了分类。

嗯，我们是根据图像为横向的概率来分类的。

那么，关于分类是否成功就会有下面4种情况。这个理解起来没问题吧？

- 图像是横向的，被正确分类了
- 图像被分类为横向，但实际上不是横向的
- 图像不是横向的，被正确分类了
- 图像被分类为非横向，但实际上是横向的

嗯，这个我理解了……不过我感觉还是不太清晰，把它整理到这样的表里好了（表4-1）。

表 4-1

分类	正确结果标签	
	横向	非横向
横向	分类正确	分类错误
非横向	分类错误	分类正确

欸，厉害！设横向的情况为正、非横向的情况为负，那么一般来说，二分类的结果可以用这张表来表示（表 4-2）。

表 4-2

分类	正确结果标签	
	正	负
正	True Positive（TP）	False Positive（FP）
负	False Negative（FN）	True Negative（TN）

分类结果为正的情况是 Positive、为负的情况是 Negative。分类成功为 True、分类失败为 False。对吗？

没错。而且我们可以使用表里的 4 个记号来计算分类的精度。精度的英文是 *Accuracy*，它的计算表达式是这样的。

$$Accuracy = \frac{TP + TN}{TP + FP + FN + TN} \tag{4.2.2}$$

它表示的是在整个数据集中，被正确分类的数据 TP 和 TN 所占的比例。

假如 100 个数据中 80 个被正确地分类了，那么精度就是这样的吧？

$$Accuracy = \frac{80}{100} = 0.8 \tag{4.2.3}$$

是的。用测试数据来计算这个值，值越高精度越高，也就意味着模型越好。

明白了。这比我想象的要简单易懂，真不错。

4.2.3 | 精确率和召回率

一般来说，只要计算出这个 *Accuracy* 值，基本上就可以掌握分类结果整体的精度了。但是有时候只看这个结果会有问题，所以还有别的指标。

是吗？我看用这个方法计算精度挺好的呀？

看一下这张图（图 4-9），假设图中的圆点是 Positive 数据、叉号是 Negative 数据，我们来考虑一下数据量极其不平衡的情况。

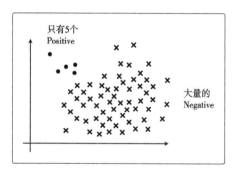

图 4-9

几乎全是 Negative。从图中大概能看出决策边界来。

假设有 100 个数据，其中 95 个是 Negative。那么，哪怕出现模型把数据全部分类为 Negative 的极端情况，*Accuracy* 值也为 0.95，也就是说模型的精度是 95%。

确实是这样。既然 Positive 相对少很多，那么即使模型把数据全部分类为 Negative，它的精度也会很高。

但是不管精度多高，一个把所有数据都分类为 Negative 的模型，不能说它是好模型吧？

是的……遇到这种情况，只看整体的精度看不出来问题。

没错，所以要引入别的指标。这些指标稍微有点复杂，结合具体的数据来看更好理解，所以我用这个例子来说明吧（图 4-10、表 4-3）。

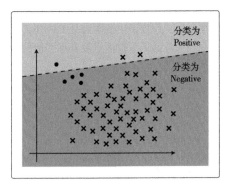

图 4-10

表 4-3

项	个数
Positive 数据	5 个
Negative 数据	95 个
True Positive	1 个
False Positive	2 个
False Negative	4 个
True Negative	93 个
Accuracy	94%

这个例子看上去对 Positive 数据分类得不够好。

是的。首先我们来看第一个指标——**精确率**。它的英文是 *Precision*。

$$Precision = \frac{\text{TP}}{\text{TP} + \text{FP}}$$

(4.2.4)

这是什么? 含义是什么呢?

这个指标只关注 TP 和 FP。根据表达式来看，它的含义是在被分类为 Positive 的数据中，实际就是 Positive 的数据所占的比例（图 4-11）。

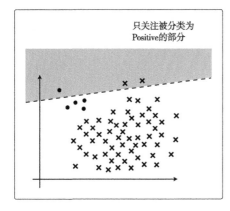

图 4-11

我实际地代入数值来计算看看。

$$Precision = \frac{1}{1+2} = \frac{1}{3} = 0.333\ldots$$

(4.2.5)

这个值越高，说明分类错误越少。拿这个例子来说，虽然被分类为 Positive 的数据有 3 个，但其中只有 1 个是分类正确的。所以计算得出的精确率很低。

我明白了。0.333 确实很低。

还有一个指标是**召回率**，英文是 *Recall*。

$$Recall = \frac{\text{TP}}{\text{TP} + \text{FN}}$$

(4.2.6)

把精确率分母上的 FP 换成 FN 就是它了。

嗯，这个指标只关注 TP 和 FN。根据表达式来看，它的含义是在 Positive 数据中，实际被分类为 Positive 的数据所占的比例（图 4-12）。

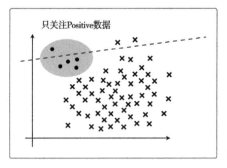

图 4-12

我再来算算它的值。

$$Recall = \frac{1}{1+4} = \frac{1}{5} = 0.2 \tag{4.2.7}$$

这个值越高，说明被正确分类的数据越多。拿这个例子来说，虽然 Positive 数据共有 5 个，但只有 1 个被分类为 Positive。所以计算得出的召回率也很低。

确实很低……

基于这两个指标来考虑精度是比较好的。

精确率和召回率都很高的模型就是一个好模型了吧？

是的。不过一般来说，精确率和召回率会一个高一个低，需要我们取舍，有些麻烦。

4.2.4 | *F* 值

那就两个值都计算，然后取它们的平均值怎么样？

只是简单地计算平均值并不算很好的方法。假设现在有两个模型，它们的精确率和召回率是这样的（表 4-4）。

表 4-4

模型	精确率	召回率	平均值
模型 A	0.6	0.39	0.495
模型 B	0.02	1.0	0.51

模型 B 好极端呀。召回率是 1.0，也就是说所有的 Positive 数据都被分类为 Positive 了，但是精确率也实在是太低了。

如果将所有的数据都分类为 Positive，那么召回率就是 1.0。但是这样一来，Negative 数据也会被分类为 Positive，所以精确率会变得很低。

哦，仔细想想确实是这样的。

看一下两个模型的平均值，会发现模型 B 的更高。但它是把所有数据都分类为 Positive 的模型，精确率极低，仅为 0.02，并不能说它是好模型。

只看平均值确实无法知道模型的好坏。

所以就出现了评定综合性能的指标 **F 值**。表达式 4.2.8 中的 *Fmeasure* 就是 *F* 值，*Precision* 是前面说的精确率，*Recall* 是召回率。

$$Fmeasure = \cfrac{2}{\cfrac{1}{Precision} + \cfrac{1}{Recall}}$$

(4.2.8)

这个表达式好复杂啊，分母里有分数。

精确率和召回率只要有一个低，就会拉低 *F* 值。计算一下前面两个模型的 *F* 值就知道了（表 4-5）。

表 4-5

模型	精确率	召回率	平均值	F值
模型 A	0.6	0.39	0.495	0.472...
模型 B	0.02	1.0	0.51	0.039...

果真如此。和简单取平均值时得到的结果不同，模型 A 的 F 值更高。

这说明该指标考虑到了精确率和召回率的平衡。其实，也有很多人把前面那个 F 值的表达式变形，写成下面这样，二者是相同的。

$$Fmeasure = \frac{2 \cdot Precision \cdot Recall}{Precision + Recall} \tag{4.2.9}$$

我觉得还是这个表达式更好理解。

有时称 F 值为 F1 值会更准确，这一点需要注意。

两种说法是一样的吧？

有的时候含义相同，有的时候却并不相同。除 F1 值之外，还有一个带权重的 F 值指标。

$$WeightedFmeasure = \frac{(1 + \beta^2) \cdot Precision \cdot Recall}{\beta^2 \cdot Precision + Recall} \tag{4.2.10}$$

又出现了一个看不懂的表达式……β 指的是权重吗？

是的。我们可以认为 F 值指的是带权重的 F 值，当权重为 1 时才是刚才介绍的 $F1$ 值。

看来带权重的 F 值更通用呀。

$F1$ 值在数学上是精确率和召回率的**调和平均值**。关于调和平均值，不需要太深入地了解。

我突然想到，之前介绍的精确率和召回率都是以 TP 为主进行计算的，那么也能以 TN 为主吗?

是的。以 TN 为主来计算精确率和召回率的表达式是这样的。

$$Precision = \frac{TN}{TN + FN}$$

$$Recall = \frac{TN}{TN + FP}$$

(4.2.11)

以哪个为主都可以吗?

当数据不平衡时，使用数量少的那个会更好。最开始的例子中 Positive 极少，所以我们使用了 Positive 来计算，反之如果 Negative 较少，那就使用 Negative。

我明白了，用数量少的那个。

对于回归和分类，我们都可以这样来评估模型。

我现在知道模型评估的重要性了。

 把全部训练数据分为测试数据和训练数据的做法称为**交叉验证**。这是非常重要的方法，一定要记住哦。

 好的。这里面也没什么复杂的数学表达式，并不是很难。

 交叉验证的方法中，尤为有名的是 K **折交叉验证**，掌握这种方法很有好处。

- 把全部训练数据分为 K 份
- 将 $K - 1$ 份数据用作训练数据，剩下的 1 份用作测试数据
- 每次更换训练数据和测试数据，重复进行 K 次交叉验证
- 最后计算 K 个精度的平均值，把它作为最终的精度

 假如我们要进行 4 折交叉验证，那么就会这样测量精度（图 4-13）。

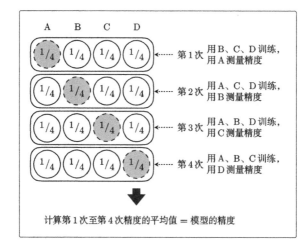

图 4-13

如果全部训练数据的量较大，这种方法必须训练多次，会比较花时间吧？

是的。不切实际地增加 K 值会非常耗费时间，所以我们必须要确定一个合适的 K 值。

4.3 | 正则化

4.3.1 | 过拟合

之前我们提到过的模型只能拟合训练数据的状态被称为**过拟合**，英文是 overfitting。

我记得在学习回归的时候，你说过过度增加函数 $f_\theta(x)$ 的次数会导致过拟合，原来是这个意思。

记忆力真好。过拟合不止在回归时出现，在分类时也经常发生，我们要时常留意它。

难道我们不能采取什么方法避免过拟合吗？

有几种方法可以避免过拟合。

- 增加全部训练数据的数量
- 使用简单的模型
- 正则化

首先，重要的是增加全部训练数据的数量。之前我也讲过，机器学习是从数据中学习的，所以数据最重要。另外，使用更简单的模型也有助于防止过拟合。

然后是……**正则化**? 这个词我还是第一次听说。它是什么意思呢?

你还记得我在讲解回归的时候提到的目标函数吗?

是表达式 2.3.2 吗?

$$E(\boldsymbol{\theta}) = \frac{1}{2} \sum_{i=1}^{n} \left(y^{(i)} - f_{\boldsymbol{\theta}}(\boldsymbol{x}^{(i)}) \right)^2 \tag{4.3.1}$$

没错,就是这个。我们要向这个目标函数增加下面这样的正则化项。

$$R(\boldsymbol{\theta}) = \frac{\lambda}{2} \sum_{j=1}^{m} \theta_j^2 \tag{4.3.2}$$

是这样吗?

$$
\begin{aligned}
E(\boldsymbol{\theta}) &= \frac{1}{2} \sum_{i=1}^{n} \left(y^{(i)} - f_{\boldsymbol{\theta}}(\boldsymbol{x}^{(i)}) \right)^2 + R(\boldsymbol{\theta}) \\
&= \frac{1}{2} \sum_{i=1}^{n} \left(y^{(i)} - f_{\boldsymbol{\theta}}(\boldsymbol{x}^{(i)}) \right)^2 + \frac{\lambda}{2} \sum_{j=1}^{m} \theta_j^2
\end{aligned}
\tag{4.3.3}
$$

没错。我们要对这个新的目标函数进行最小化，这种方法就称为正则化。

还挺简单的。m 是参数的个数吧?

是的。不过一般来说不对 θ_0 应用正则化。所以仔细看会发现 j 的取值是从 1 开始的。

这也就是说，假如预测函数的表达式为 $f_{\boldsymbol{\theta}}(\boldsymbol{x}) = \theta_0 + \theta_1 x + \theta_2 x^2$，那么 $m = 2$ 就意味着正则化的对象参数为 θ_1 和 θ_2?

是的。θ_0 这种只有参数的项称为**偏置项**，一般不对它进行正则化。

那 λ 是什么?

λ 是决定正则化项影响程度的正的常数。这个值需要我们自己来定。

哦，这样就能防止过拟合啊。不过，我还不是很懂……

4.3.3 正则化的效果

光看表达式可能不容易理解。我们结合图来想象一下吧。

结合目标函数的图形吗？

是的。首先把目标函数分成两个部分。

$$C(\boldsymbol{\theta}) = \frac{1}{2} \sum_{i=1}^{n} \left(y^{(i)} - f_{\boldsymbol{\theta}}(\boldsymbol{x}^{(i)}) \right)^2$$

$$R(\boldsymbol{\theta}) = \frac{\lambda}{2} \sum_{j=1}^{m} \theta_j^2 \tag{4.3.4}$$

$C(\boldsymbol{\theta})$ 是本来就有的目标函数项，$R(\boldsymbol{\theta})$ 是正则化项。

嗯，$C(\boldsymbol{\theta})$ 和 $R(\boldsymbol{\theta})$ 相加之后就是新的目标函数，所以我们实际地把这两个函数的图形画出来，加起来看看。不过参数太多就画不出图来了，所以这里我们只关注 θ_1。而且为了更加易懂，先不考虑 λ。

好的。那我先从 $C(\boldsymbol{\theta})$ 开始画起……它的图形是什么样子来着？

不用太在意形状是否精确。在讲回归的时候，我们说过这个目标函数开口向上，还记得吗？所以，我们假设它的形状是这样的（图 4-14）。

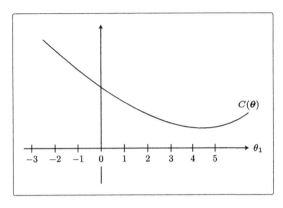

图 4-14

对，我们是说过它开口向上。

从图中马上就可以看出最小值在哪里。

最小值在 $\theta_1 = 4.5$ 附近（图 4-15）。

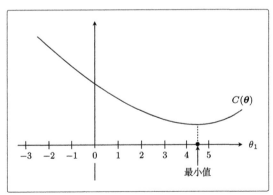

图 4-15

是的。从这个目标函数在没有正则化项时的形状来看，$\theta_1 = 4.5$ 附近是最小值。接下来是 $R(\theta)$，它就相当于 $\frac{1}{2}\theta_1^2$，所以是过原点的简单二次函数。这个你也能画出来吧？

好的，这个简单。这样画没错吧（图 4-16）？

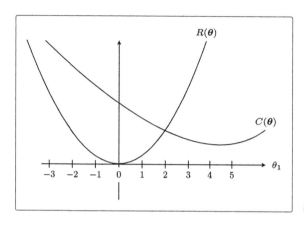

图 4-16

 不错。实际的目标函数是这两个函数之和 $E(\boldsymbol{\theta}) = C(\boldsymbol{\theta}) + R(\boldsymbol{\theta})$，你来画一下它的图形。顺便考虑一下最小值在哪里。

 要画函数相加后的图形……是不是把 θ_1 各点上的 $C(\boldsymbol{\theta})$ 和 $R(\boldsymbol{\theta})$ 的高相加，然后用线把它们相连就好？是这样吧（图 4-17），最小值是 $\theta_1 = 0.9$？

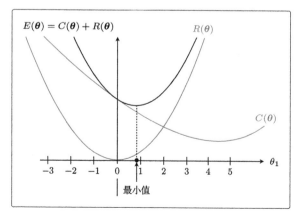

图 4-17

与加正则化项之前相比，θ_1 更接近 0 了，看出来了吗？

嗯，确实如此。本来是在 $\theta_1 = 4.5$ 处最小，现在是在 $\theta_1 = 0.9$ 处最小，的确更接近 0 了。

这就是正则化的效果。它可以防止参数变得过大，有助于参数接近较小的值。虽然我们只考虑了 θ_1，但其他 θ_j 参数的情况也是类似的。

这样就能防止过拟合了？

参数的值变小，意味着该参数的影响也会相应地变小。比如，有这样的一个预测函数 $f_{\boldsymbol{\theta}}(\boldsymbol{x})$。

$$f_{\boldsymbol{\theta}}(\boldsymbol{x}) = \theta_0 + \theta_1 x + \theta_2 x^2 \tag{4.3.5}$$

这就是一个简单的二次方程嘛。

再极端一点，假设 $\theta_2 = 0$，这个表达式就从二次变为一次了。

也就是说没有 x^2 项了。

对。这就意味着本来是曲线的预测函数变为直线了（图 4-18）。

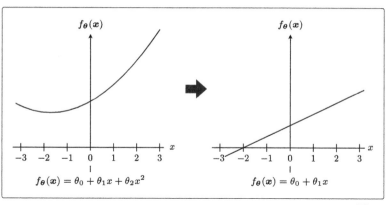

$$f_\theta(x) = \theta_0 + \theta_1 x + \theta_2 x^2 \qquad f_\theta(x) = \theta_0 + \theta_1 x$$

图 4-18

 这正是通过减小不需要的参数的影响，将复杂模型替换为简单模型来防止过拟合的方式。

 这个方式也很厉害嘛。

 不过刚才的只是个例子，并不是一定要减小次数最高项的参数值。整体思路你已经理解了吧？

 嗯，就是为了防止参数的影响过大，在训练时要对参数施加一些……一些惩罚，对吧？这个是惩罚吧？

 没错，是的。就是要进行惩罚。

 那一开始就提到的 λ，是可以控制正则化惩罚的强度吗？

是的。比如令 $\lambda = 0$，那就相当于不使用正则化（图 4-19）。

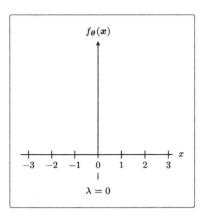

图 4-19

反过来 λ 越大，正则化的惩罚也就越严厉（图 4-20）。

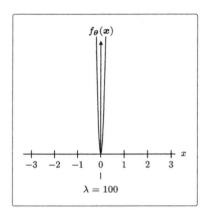

图 4-20

刚才讨论的是回归的情况，对于分类也可以应用正则化吗？

当然。你还记得逻辑回归的目标函数吗？

是**对数似然函数**吗？

$$\log L(\boldsymbol{\theta}) = \sum_{i=1}^{n} \left(y^{(i)} \log f_{\boldsymbol{\theta}}(\boldsymbol{x}^{(i)}) + (1 - y^{(i)}) \log(1 - f_{\boldsymbol{\theta}}(\boldsymbol{x}^{(i)})) \right) \quad (4.3.6)$$

对，就是这个。分类也是在这个目标函数中增加正则化项就行了，道理是相同的。

$$\log L(\boldsymbol{\theta}) = -\sum_{i=1}^{n} \left(y^{(i)} \log f_{\boldsymbol{\theta}}(\boldsymbol{x}^{(i)}) + (1 - y^{(i)}) \log(1 - f_{\boldsymbol{\theta}}(\boldsymbol{x}^{(i)})) \right) + \frac{\lambda}{2} \sum_{j=1}^{m} \theta_j^2$$

$$(4.3.7)$$

咦，怎么在原来的目标函数上加上负号了呢？

对数似然函数本来以最大化为目标。但是，这次我想让它变成和回归的目标函数一样的最小化问题，所以加了负号。这样就可以像处理回归一样处理它，所以只要加上正则化项就可以了。

哦，原来是这样。反转符号是为了将最大化问题替换为最小化问题呀。

反转了符号之后，在更新参数时就要像回归一样，与微分的函数的符号反方向移动才行。

嗯，这个没问题。等等，目标函数的形式变了，参数更新的表达式也会变吧？

是的。不过，只要再把正则化项的部分也微分了就行，一点都不难。我们从回归开始一起来做一下吧。

太好了！

4.3.5 | 包含正则化项的表达式的微分

刚才我们把回归的目标函数分成了 $C(\boldsymbol{\theta})$ 和 $R(\boldsymbol{\theta})$。这是新的目标函数的形式，我们要对它进行微分。

$$E(\boldsymbol{\theta}) = C(\boldsymbol{\theta}) + R(\boldsymbol{\theta}) \tag{4.3.8}$$

嗯，因为是加法，所以对各部分进行偏微分对吧？

$$\frac{\partial E(\boldsymbol{\theta})}{\partial \theta_j} = \frac{\partial C(\boldsymbol{\theta})}{\partial \theta_j} + \frac{\partial R(\boldsymbol{\theta})}{\partial \theta_j} \tag{4.3.9}$$

是的。$C(\boldsymbol{\theta})$ 是原来的目标函数，讲解回归的时候我们已经求过它的微分形式了。还记得表达式 2.3.17 吗？

$$\frac{\partial C(\boldsymbol{\theta})}{\partial \theta_j} = \sum_{i=1}^{n} \left(f_{\boldsymbol{\theta}}(\boldsymbol{x}^{(i)}) - y^{(i)} \right) x_j^{(i)} \tag{4.3.10}$$

对呀，求过就不用再求了，所以接下来只要对正则化项进行微分就行了。

没错。正则化项只是参数平方的和，所以它的微分也很好求。

$$R(\boldsymbol{\theta}) = \frac{\lambda}{2} \sum_{j=1}^{m} \theta_j^2$$

$$= \frac{\lambda}{2}\theta_1^2 + \frac{\lambda}{2}\theta_2^2 + \cdots + \frac{\lambda}{2}\theta_m^2 \tag{4.3.11}$$

确实……这样对吧?

$$\frac{\partial R(\boldsymbol{\theta})}{\partial \theta_j} = \lambda \theta_j \tag{4.3.12}$$

嗯，对的。可以看出，在微分时表达式中的 $\frac{1}{2}$ 被抵消，微分后的表达式变简单了。

我懂了。那么最终的微分结果就是这样的。

$$\frac{\partial E(\boldsymbol{\theta})}{\partial \theta_j} = \sum_{i=1}^{n} \left(f_{\boldsymbol{\theta}}(\boldsymbol{x}^{(i)}) - y^{(i)} \right) x_j^{(i)} + \lambda \theta_j \tag{4.3.13}$$

很好。剩下要做的就是把这个微分结果代入到参数更新表达式里去。

是这样吗?

$$\theta_j := \theta_j - \eta \left(\sum_{i=1}^{n} \left(f_{\boldsymbol{\theta}}(\boldsymbol{x}^{(i)}) - y^{(i)} \right) x_j^{(i)} + \lambda \theta_j \right)$$
$$(4.3.14)$$

没错,这就是加入了正则化项的参数更新表达式。不过,我们之前说过一般不对 θ_0 应用正则化。$R(\boldsymbol{\theta})$ 对 θ_0 微分的结果为 0,所以 $j = 0$ 时表达式 4.3.14 中的 $\lambda \theta_j$ 就消失了。因此,实际上我们需要像这样区分两种情况。

$$\theta_0 := \theta_0 - \eta \left(\sum_{i=1}^{n} \left(f_{\boldsymbol{\theta}}(\boldsymbol{x}^{(i)}) - y^{(i)} \right) x_j^{(i)} \right)$$

$$\theta_j := \theta_j - \eta \left(\sum_{i=1}^{n} \left(f_{\boldsymbol{\theta}}(\boldsymbol{x}^{(i)}) - y^{(i)} \right) x_j^{(i)} + \lambda \theta_j \right) \quad (j > 0)$$
$$(4.3.15)$$

这个我也明白了。有了前面的知识作铺垫,现在还跟得上。

逻辑回归的流程也是一样的。原来的目标函数是 $C(\boldsymbol{\theta})$,正则化项是 $R(\boldsymbol{\theta})$,现在对 $E(\boldsymbol{\theta})$ 进行微分。

$$C(\boldsymbol{\theta}) = - \sum_{i=1}^{n} \left(y^{(i)} \log f_{\boldsymbol{\theta}}(\boldsymbol{x}^{(i)}) + (1 - y^{(i)}) \log(1 - f_{\boldsymbol{\theta}}(\boldsymbol{x}^{(i)})) \right)$$

$$R(\boldsymbol{\theta}) = \frac{\lambda}{2} \sum_{j=1}^{m} \theta_j^2$$

$$E(\boldsymbol{\theta}) = C(\boldsymbol{\theta}) + R(\boldsymbol{\theta})$$
$$(4.3.16)$$

可以对每一项分别进行微分这一点和回归是相同的吧?

$$\frac{\partial E(\boldsymbol{\theta})}{\partial \theta_j} = \frac{\partial C(\boldsymbol{\theta})}{\partial \theta_j} + \frac{\partial R(\boldsymbol{\theta})}{\partial \theta_j} \tag{4.3.17}$$

是的。之前在表达式 3.7.16 中我们已经求过逻辑回归原来的目标
函数 $C(\boldsymbol{\theta})$ 的微分，不过现在考虑的是最小化问题，所以要注意在
前面加上负号。也就是要进行符号的反转。

$$\frac{\partial C(\boldsymbol{\theta})}{\partial \theta_j} = \sum_{i=1}^{n} \left(f_{\boldsymbol{\theta}}(\boldsymbol{x}^{(i)}) - y^{(i)} \right) x_j^{(i)} \tag{4.3.18}$$

好的，这个没问题。

另外，刚才我们已经求过正则化项 $R(\boldsymbol{\theta})$ 的微分了，可以直接使用。

$$\frac{\partial R(\boldsymbol{\theta})}{\partial \theta_j} = \lambda \theta_j \tag{4.3.19}$$

哦哦，也就是说这次不需要任何新的计算。那么，参数更新表达
式应该是这样的——这次我把 θ_0 的情况区分出来了。

$$\theta_0 := \theta_0 - \eta \left(\sum_{i=1}^{n} \left(f_{\boldsymbol{\theta}}(\boldsymbol{x}^{(i)}) - y^{(i)} \right) x_j^{(i)} \right)$$

$$\theta_j := \theta_j - \eta \left(\sum_{i=1}^{n} \left(f_{\boldsymbol{\theta}}(\boldsymbol{x}^{(i)}) - y^{(i)} \right) x_j^{(i)} + \lambda \theta_j \right) \quad (j > 0) \tag{4.3.20}$$

完全正确。刚才我介绍的方法其实叫 **L2 正则化**。

L2……?

除 L2 正则化方法之外，还有 **L1 正则化**方法。它的正则化项 R 是这样的。

$$R(\boldsymbol{\theta}) = \lambda \sum_{i=1}^{m} |\theta_i|$$

(4.3.21)

原来正则化的方法不止一个。那用哪个好呢?

L1 正则化的特征是被判定为不需要的参数会变为 0，从而减少变量个数。而 L2 正则化不会把参数变为 0。刚才我说过二次式变为一次式的例子吧，用 L1 正则化就真的可以实现了。

L2 正则化会抑制参数，使变量的影响不会过大，而 L1 会直接去除不要的变量。

嗯。使用哪个正则化取决于要解决什么问题，不能一概而论。现在只要记住有这样的方法就行，将来一定会有用的。

4.4 | 学习曲线

4.4.1 | 欠拟合

前面我们聊了很多过拟合的话题，而反过来又有一种叫作**欠拟合**的状态，用英文说是 underfitting。在这种情况下模型的性能也会变差。

一个是过度训练，一个是过度不训练，"刚刚好"是很重要的呀。

嗯，不过要做到"刚刚好"出人意料地难。

欠拟合是与过拟合相反的状态，所以它是没有拟合训练数据的状态吧？

是的。比如用直线对图中这种拥有复杂边界线的数据进行分类的情况（图 4-21），无论怎样做都不能很好地分类，最终的精度会很差。

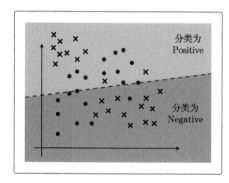

图 4-21

啊，这样完全不行呀。

出现这种情况的主要原因就是模型相对于要解决的问题来说太简单了。

原因也和过拟合的情况相反。

没错。过拟合与欠拟合基本上是相反关系，原因不同，解决方案也不同。

4.4.2 | 区分过拟合与欠拟合

原来是这样。但是，我们只对模型进行评估，然后根据得到的模型精度就能判断模型是过拟合还是欠拟合吗？

这是一个好问题。我也正想简单聊一下这个事情。

哦？难道我接近问题的核心了？

就像你想的那样，只根据精度不能判断是哪种不好的拟合。

啊，果然如此。那怎么样才能判断到底是过拟合还是欠拟合呢？

我们以数据的数量为横轴、以精度为纵轴，然后把用于训练的数据和用于测试的数据画成图来看一看就知道了。

这是什么意思呢？

我们具体来看一个例子吧。考虑一下使用这样的 10 个训练数据进行回归的场景（图 4-22）。

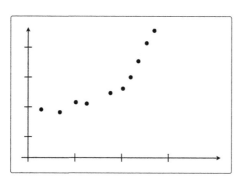

图 4-22

这些数据似乎用二次函数来拟合比较合适。

是的，不过这里我们先假设 $f_\theta(x)$ 是一次函数。接着，只随便选择其中的 2 个数据用作训练数据。

就 2 个吗？

嗯，你随便选 2 个吧。然后看一看只用这 2 个数据进行训练后，$f_\theta(x)$ 是什么形状。

哦，随便选就行吗？那 $f_\theta(x)$ 就是这样的（图 4-23）？

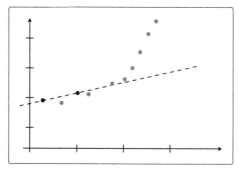

图 4-23

没错。在这个状态下，2 个点都完美拟合，误差为 0。

这是只有 2 个训练数据的缘故呀。一次函数肯定会以通过这 2 点为目标去训练的。

那这次把 10 个数据都用来训练呢？

一次函数吗？尽可能地拟合数据……是这样吗（图 4-24）？

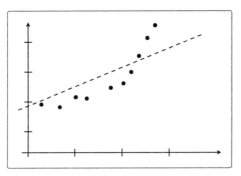

图 4-24

是这样的。不过在这种情况下，误差已经无法为 0 了。

$f_\theta(x)$ 是一次函数，这是没有办法的。

是的。这里我想说的就是如果模型过于简单，那么随着数据量的增加，误差也会一点点变大。换句话说就是精度会一点点下降。

嗯，的确是这样。

把这种情况画在刚才所说的以数据的数量为横轴、以精度为纵轴的图上，形状大体上就是这样的（图 4-25）。

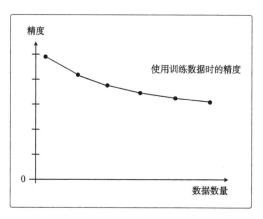

图 4-25

我看懂了。一开始精度很高，但随着数据量的增加，精度一点点地变低了。

接下来用测试数据来评估一下。假设在刚才的 10 个训练数据之外，还有测试数据。我们用这些测试数据来评估各个模型，之后用同样的方法求出精度，并画成图。

用测试数据先评估根据 2 个训练数据训练好的模型，再评估根据 10 个训练数据训练好的模型……然后依次求出精度？

对对。训练数据较少时训练好的模型难以预测未知的数据，所以精度很低；反过来说，训练数据变多时，预测精度就会一点点地变高。用图来展示就是这样的（图 4-26）。

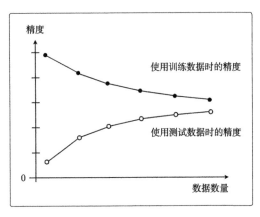

图 4-26

我明白了。

将两份数据的精度用图来展示后，如果是这种形状，就说明出现了欠拟合的状态。也有一种说法叫作**高偏差**，指的是一回事。

这是一种即使增加数据的数量，无论是使用训练数据还是测试数据，精度也都会很差的状态吧？

用语言来描述是这么回事。图中需要注意的点在这里（图 4-27）。

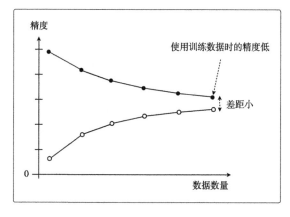

图 4-27

 而在过拟合的情况下，图是这样的（图 4-28）。这也叫作**高方差**。

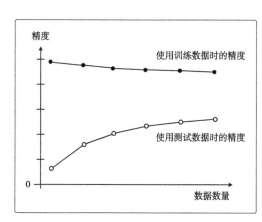

图 4-28

 随着数据量的增加，使用训练数据时的精度一直很高，而使用测试数据时的精度一直没有上升到它的水准。

 只对训练数据拟合得较好，这就是过拟合的特征。这张图中需要注意的点在这里（图 4-29）。

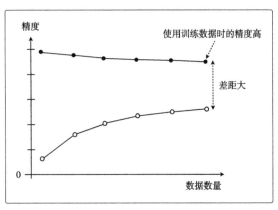

图 4-29

 原来如此。这两张图分别展示了欠拟合和过拟合的特征。

 像这样展示了数据数量和精度的图称为**学习曲线**。

 学习曲线呀。那在知道模型精度低,却不知道是过拟合还是欠拟合的时候,是不是画一下学习曲线就好了?

 没错。通过学习曲线判断出是过拟合还是欠拟合之后,就可以采取相应的对策以便改进模型了。

 模型评估听上去很简单,但其实有很多内容。我现在知道为什么说只懂得机器学习的算法是不够的了。

 关于模型评估的指标和方法,除了今天讲的之外还有其他的,有兴趣的话你自己研究一下哦。

 好的,今天太感谢你了!

第5章

实现
使用 Python 编程

在这一章，绫乃终于要挑战回归和分类的编程实现了。

她能不能用代码来实现之前学到的东西呢？

附录 A.8 介绍了搭建编程环境的方法，大家也和绫乃一起编写代码吧。

5.1 │ 使用 Python 实现

我已经从你这里学到回归、分类和模型的评估了，你还建议我学些什么呢？

嗯……其实还有很多机器学习算法，而且最新的研究成果中也有很多有意思的内容，研究一下就会发现有许多面向各种用途的模型。不过，就基础知识而言，我觉得你现在学到的东西已经够用了。

基础知识已经够用了吗……可我心里还很没底呀。

我觉得以你现在学到的知识，即使我不在你也可以继续研究下去。因为在前面学习回归和分类的时候，我们已经看过用训练数据更新参数的过程。虽然每一种算法的具体方法不同，但这个基本的思路对于其他机器学习算法来说也是相通的。只要掌握了根据数据来更新参数这一点，就容易理解算法了。

嗯，这个我知道。不过，我还是担心自己一个人不能理解。

试着使用某种语言**实现**回归和分类可以加深理解，要不咱们先一起试一试？

哦，对呀！亲自实现一下比较好。

咱们一起来吧。你擅长哪种语言？

我想用 **Python** 来试试，虽然我并不擅长这门语言……

 你没怎么用过 Python 吧？真有挑战精神呀。

 我知道它是机器学习领域常用的语言，所以对它有兴趣。我学过它的基本语法，所以没问题的。

 不愧是现役程序员，那我就放心了。

5.2 | 回归

5.2.1 | 确认训练数据

 我们先从**回归**的实现开始。我随便准备了一些训练数据，就用它们来实现吧。

■ click.csv

x,y
235,591
216,539
148,413
35,310
85,308
204,519

49,325
25,332
173,498
191,498
134,392
99,334
117,385
112,387
162,425
272,659
159,400
159,427
59,319
198,522

 这就是所谓的**训练数据**吧。全是数字根本看不出是怎么回事。

 是啊，先用 Matplotlib 绘图，结合图来看就好理解了（图 5-1）。

 对哦。

> ⓘ 提 示
>
> Matplotlib 是一个绘图库。本书利用它来进行数据可视化，但绘图部分的内容不是必须要学习的，大家可以适当跳过。欲详细了解 Matplotlib，请参考其官网。

■ 在 Python 交互式环境中执行（示例代码：5-2-1）

```
>>> import numpy as np
>>> import matplotlib.pyplot as plt
>>>
>>> # 读入训练数据
>>> train = np.loadtxt('click.csv', delimiter=',', skiprows=1)
>>> train_x = train[:,0]
>>> train_y = train[:,1]
>>>
>>> # 绘图
>>> plt.plot(train_x, train_y, 'o')
>>> plt.show()
```

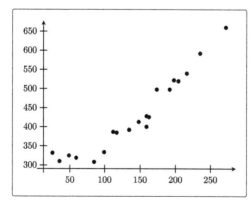

图 5-1

这段代码我看懂了。这个数据跟你在讲解回归时使用的数据很像啊。

嗯，我就是仿照那个数据做的。

5.2.2 | 作为一次函数实现

首先把 $f_\theta(x)$ 作为一次函数来实现吧。我们要实现下面这样的 $f_\theta(x)$ 和目标函数 $E(\theta)$。

$$f_\theta(x) = \theta_0 + \theta_1 x$$

$$E(\theta) = \frac{1}{2} \sum_{i=1}^{n} \left(y^{(i)} - f_\theta(x^{(i)}) \right)^2$$

(5.2.1)

要进行 θ_0 和 θ_1 的初始化对吧？用随机值作初始值？

■ 在 Python 交互式环境中执行（示例代码：5-2-2）

```
>>> # 参数初始化
>>> theta0 = np.random.rand()
>>> theta1 = np.random.rand()
>>>
>>> # 预测函数
>>> def f(x):
...     return theta0 + theta1 * x
...
>>> # 目标函数
>>> def E(x, y):
...     return 0.5 * np.sum((y - f(x)) ** 2)
...
```

没错，很好。

好的，这样就完成事前准备了。接下来要实现参数更新的部分啦。

在这之前，还有一件事情最好做一下：把训练数据变成平均值为0、方差为 1 的数据。

欸，这是什么意思呢？

这个预处理不是必须的，但是做了之后，参数的收敛会更快。这种做法也被称为**标准化**或者 **z-score 规范化**，变换表达式是这样的。μ 是训练数据的平均值，σ 是**标准差**[*]。

$$z^{(i)} = \frac{x^{(i)} - \mu}{\sigma} \tag{5.2.2}$$

哦，那事先还是做一下变换比较好呀。是这样吗？

■ 在 Python 交互式环境中执行（示例代码: 5-2-3）

```
>>> # 标准化
>>> mu = train_x.mean()
>>> sigma = train_x.std()
>>> def standardize(x):
...     return (x - mu) / sigma
...
>>> train_z = standardize(train_x)
```

＊标准差为方差的平方根。——译者注

是的。把变换后的数据也用图展现出来（图 5-2），我们会看到只有横轴的刻度改变了。

明白了。

■ 在 Python 交互式环境中执行（示例代码：5-2-4）

```
>>> plt.plot(train_z, train_y, 'o')
>>> plt.show()
```

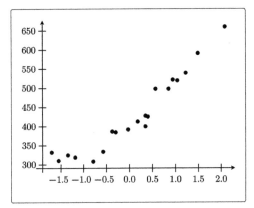

图 5-2

果真如此。横轴的刻度变小了。

接下来就是参数更新部分的实现了。还记得更新表达式吗？

$$\theta_0 := \theta_0 - \eta \sum_{i=1}^{n} \Big(f_\theta(x^{(i)}) - y^{(i)} \Big)$$

$$\theta_1 := \theta_1 - \eta \sum_{i=1}^{n} \Big(f_\theta(x^{(i)}) - y^{(i)} \Big) x^{(i)}$$

(5.2.3)

嗯，记得。将 η 设为多大的值合适呢？

这个不能一概而论，要试几次才能确定，先设置为 10^{-3} 吧。

好的。对了，你说过要对目标函数进行微分，不断重复参数的更新，那么要重复几次呢？

我们可以指定次数，也可以比较参数更新前后目标函数的值，如果值基本没什么变化，就可以结束学习了。

对哦，比较更新前后的值就行啦。

另外还有一点需要注意：参数的更新必须**同时**进行。θ_0 更新结束后准备更新 θ_1 时，不能使用更新后的 θ_0，而必须要使用更新前的 θ_0。

原来是这样，那我就基于这些原则来实现了。这样对吗？我顺便把日志也打出来吧。

■ 在 Python 交互式环境中执行（示例代码：5-2-5）

```
>>> # 学习率
>>> ETA = 1e-3
>>>
>>> # 误差的差值
>>> diff = 1
>>>
>>> # 更新次数
>>> count = 0
>>>
>>> # 重复学习
>>> error = E(train_z, train_y)
>>> while diff > 1e-2:
...     # 更新结果保存到临时变量
...     tmp0 = theta0 - ETA * np.sum((f(train_z) - train_y))
...     tmp1 = theta1 - ETA * np.sum((f(train_z) - train_y) * train_z)
...     # 更新参数
...     theta0 = tmp0
...     theta1 = tmp1
...     # 计算与上一次误差的差值
...     current_error = E(train_z, train_y)
...     diff = error - current_error
...     error = current_error
...     # 输出日志
...     count += 1
...     log = '第 {} 次：theta0 = {:.3f}, theta1 = {:.3f}, 差值 = {:.4f}'
...     print(log.format(count, theta0, theta1, diff))
...
```

输出的日志是这样的。

■ 日志

```
# …省略…
第 401 次：theta0 = 420.440, theta1 = 88.324, 差值 = 0.0142
第 402 次：theta0 = 420.444, theta1 = 88.325, 差值 = 0.0137
第 403 次：theta0 = 420.447, theta1 = 88.325, 差值 = 0.0132
第 404 次：theta0 = 420.451, theta1 = 88.326, 差值 = 0.0127
第 405 次：theta0 = 420.454, theta1 = 88.327, 差值 = 0.0122
第 406 次：theta0 = 420.458, theta1 = 88.327, 差值 = 0.0117
第 407 次：theta0 = 420.461, theta1 = 88.328, 差值 = 0.0113
第 408 次：theta0 = 420.464, theta1 = 88.329, 差值 = 0.0109
第 409 次：theta0 = 420.467, theta1 = 88.330, 差值 = 0.0105
第 410 次：theta0 = 420.470, theta1 = 88.330, 差值 = 0.0101
第 411 次：theta0 = 420.473, theta1 = 88.331, 差值 = 0.0097
```

嗯，好像执行成功了。多次执行之后就会发现，循环次数和误差的减少量在每次执行时都不一样，这一点需要注意。

这是因为参数的初始值是随机决定的吗？

是的。既然学习已经完成了，为了确认结果，我们用图来展示一下训练数据和 $f_\theta(x)$ 吧（图 5-3）。

■ 在 Python 交互式环境中执行（示例代码：5-2-6）

```
>>> x = np.linspace(-3, 3, 100)
>>>
>>> plt.plot(train_z, train_y, 'o')
>>> plt.plot(x, f(x))
>>> plt.show()
```

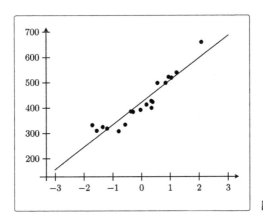

图 5-3

 哇，好厉害。一次函数拟合了训练数据。

5.2.3 | 验证

 试着随意输入 x 来预测点击量吧。不过要注意，由于已经对训练数据进行了标准化，所以预测数据也要标准化，否则得不出正确答案。

 对哦，我们已经做了标准化。我来试试看。

■ 在 Python 交互式环境中执行（示例代码：5-2-7）

```
>>> f(standardize(100))
370.70966211722651
>>> f(standardize(200))
506.36421751505327
>>> f(standardize(300))
642.01877291287997
```

好厉害，预测出的结果很像那么回事！

这里汇总了你前面所写的代码。

■ 示例文件：regression1_linear.py *

```
import numpy as np
import matplotlib.pyplot as plt


# 读入训练数据
train = np.loadtxt('click.csv', delimiter=',', dtype='int', skiprows=1)
train_x = train[:,0]
train_y = train[:,1]


# 标准化
mu = train_x.mean()
sigma = train_x.std()
```

* 欲执行这个示例代码文件，需要暂时结束交互式环境（参见附录 A.8.2）。不过之后的示例代码 5-2-8 及后续代码都是示例代码 5-2-7 的延续，如果结束了交互式环境，就需要重新输入从 5-2-1 开始的代码，这一点请注意。

```python
def standardize(x):
    return (x - mu) / sigma

train_z = standardize(train_x)

# 参数初始化
theta0 = np.random.rand()
theta1 = np.random.rand()

# 预测函数
def f(x):
    return theta0 + theta1 * x

# 目标函数
def E(x, y):
    return 0.5 * np.sum((y - f(x)) ** 2)

# 学习率
ETA = 1e-3

# 误差的差值
diff = 1

# 更新次数
count = 0

# 直到误差的差值小于 0.01 为止，重复参数更新
error = E(train_z, train_y)
while diff > 1e-2:
    # 更新结果保存到临时变量
```

```
tmp_theta0 = theta0 - ETA * np.sum((f(train_z) - train_y))

tmp_theta1 = theta1 - ETA * np.sum((f(train_z) - train_y) * train_z)


# 更新参数

theta0 = tmp_theta0

theta1 = tmp_theta1


# 计算与上一次误差的差值

current_error = E(train_z, train_y)

diff = error - current_error

error = current_error


# 输出日志

count += 1

log = ' 第 {} 次：theta0 = {:.3f}, theta1 = {:.3f}, 差值 = {:.4f}'

print(log.format(count, theta0, theta1, diff))


# 绘图确认

x = np.linspace(-3, 3, 100)

plt.plot(train_z, train_y, 'o')

plt.plot(x, f(x))

plt.show()
```

用于实现的代码量比预想的要少很多嘛。

因为这是一个非常简单的问题呀。

5.2.4 | 多项式回归的实现

我们顺便来实现**多项式回归**吧。

$$f_\theta(x) = \theta_0 + \theta_1 x + \theta_2 x^2 \tag{5.2.4}$$

如果要使刚才的代码支持多项式回归，只需要增加参数 θ_2，并替换预测函数吧？

这么说虽然没错，但正如我们在学习多重回归时了解的那样，将参数和训练数据都作为向量来处理，可以使计算变得更简单。

$$\boldsymbol{\theta} = \begin{bmatrix} \theta_0 \\ \theta_1 \\ \theta_2 \end{bmatrix} \quad \boldsymbol{x}^{(i)} = \begin{bmatrix} 1 \\ x^{(i)} \\ x^{(i)^2} \end{bmatrix} \tag{5.2.5}$$

啊，向量呀……当时我们确实是那么做的。

不过由于训练数据有很多，所以我们把 1 行数据当作 1 个训练数据，以矩阵的形式来处理会更好。

$$\boldsymbol{X} = \begin{bmatrix} \boldsymbol{x}^{(1)\mathrm{T}} \\ \boldsymbol{x}^{(2)\mathrm{T}} \\ \boldsymbol{x}^{(3)\mathrm{T}} \\ \vdots \\ \boldsymbol{x}^{(n)\mathrm{T}} \end{bmatrix} = \begin{bmatrix} 1 & x^{(1)} & x^{(1)^2} \\ 1 & x^{(2)} & x^{(2)^2} \\ 1 & x^{(3)} & x^{(3)^2} \\ & \vdots & \\ 1 & x^{(n)} & x^{(n)^2} \end{bmatrix} \tag{5.2.6}$$

然后，再求这个矩阵与参数向量 $\boldsymbol{\theta}$ 的积。这样一下子就能计算好了。

$$\boldsymbol{X\theta} = \begin{bmatrix} 1 & x^{(1)} & x^{(1)^2} \\ 1 & x^{(2)} & x^{(2)^2} \\ 1 & x^{(3)} & x^{(3)^2} \\ & \vdots & \\ 1 & x^{(n)} & x^{(n)^2} \end{bmatrix} \begin{bmatrix} \theta_0 \\ \theta_1 \\ \theta_2 \end{bmatrix} = \begin{bmatrix} \theta_0 + \theta_1 x^{(1)} + \theta_2 x^{(1)^2} \\ \theta_0 + \theta_1 x^{(2)} + \theta_2 x^{(2)^2} \\ \vdots \\ \theta_0 + \theta_1 x^{(n)} + \theta_2 x^{(n)^2} \end{bmatrix} \tag{5.2.7}$$

我明白啦！

■ 在 Python 交互式环境中执行（示例代码：5-2-8）

```
>>> # 初始化参数
>>> theta = np.random.rand(3)
>>>
>>> # 创建训练数据的矩阵
>>> def to_matrix(x):
...     return np.vstack([np.ones(x.shape[0]), x, x ** 2]).T
...
>>> X = to_matrix(train_z)
>>>
>>> # 预测函数
>>> def f(x):
...     return np.dot(x, theta)
...
```

对对，就是这样。接下来参数更新的部分也要改一下。更新表达式可以像这样写成通用的表达式，我们在学习多重回归时见过它[*]。

$$\theta_j := \theta_j - \eta \sum_{i=1}^{n} \left(f_{\boldsymbol{\theta}}(\boldsymbol{x}^{(i)}) - y^{(i)} \right) x_j^{(i)}$$

(5.2.8)

这里很容易让人想到用循环来实现，但其实如果好好利用训练数据的矩阵 $\boldsymbol{X}$，就能一下子全部计算出来。

这是什么意思？

比如在 $j = 0$ 的时候，把更新表达式的 $\sum$ 部分展开，就会变成这样子。这个没问题吧？

$$(f_{\boldsymbol{\theta}}(\boldsymbol{x}^{(1)}) - y^{(1)})x_0^{(1)} + (f_{\boldsymbol{\theta}}(\boldsymbol{x}^{(2)}) - y^{(2)})x_0^{(2)} + \cdots$$

(5.2.9)

嗯，这里只是把 $\sum$ 换成了加法形式。

把表达式中 $f_{\boldsymbol{\theta}}(\boldsymbol{x}^{(i)}) - y^{(i)}$ 和 $x_0^{(i)}$ 的部分分别当作向量来处理。

$$\boldsymbol{f} = \begin{bmatrix} f_{\boldsymbol{\theta}}(\boldsymbol{x}^{(1)}) - y^{(1)} \\ f_{\boldsymbol{\theta}}(\boldsymbol{x}^{(2)}) - y^{(2)} \\ \vdots \\ f_{\boldsymbol{\theta}}(\boldsymbol{x}^{(n)}) - y^{(n)} \end{bmatrix} \quad \boldsymbol{x}_0 = \begin{bmatrix} x_0^{(1)} \\ x_0^{(2)} \\ \vdots \\ x_0^{(n)} \end{bmatrix}$$

(5.2.10)

---

[*] 参见 2.5 节的表达式 2.5.10。

原来是这样。把 $\boldsymbol{f}$ 转置之后与 $\boldsymbol{x}_0$ 相乘，就与和的部分一样了。

$$\sum_{i=1}^{n}\left(f_{\boldsymbol{\theta}}(\boldsymbol{x}^{(i)})-y^{(i)}\right)x_0^{(i)}=\boldsymbol{f}^{\mathrm{T}}\boldsymbol{x}_0$$

(5.2.11)

没错。这里考虑的还只是 $j=0$ 的情况，而参数共有 3 个，再用同样的思路考虑 x_1 和 x_2 的情况就好了。

现在 $x_0^{(i)}$ 全部为 1，$x_1^{(i)}$ 为 $x^{(i)}$、$x_2^{(i)}$ 为 $x^{(i)2}$，对吗?

$$\boldsymbol{x_0}=\begin{bmatrix}1\\1\\\vdots\\1\end{bmatrix},\ \boldsymbol{x_1}=\begin{bmatrix}x^{(1)}\\x^{(2)}\\\vdots\\x^{(n)}\end{bmatrix},\ \boldsymbol{x_2}=\begin{bmatrix}x^{(1)2}\\x^{(2)2}\\\vdots\\x^{(n)2}\end{bmatrix}$$

$$\boldsymbol{X}=\begin{bmatrix}\boldsymbol{x_0}&\boldsymbol{x_1}&\boldsymbol{x_2}\end{bmatrix}=\begin{bmatrix}1&x^{(1)}&x^{(1)2}\\1&x^{(2)}&x^{(2)2}\\1&x^{(3)}&x^{(3)2}\\&\vdots&\\1&x^{(n)}&x^{(n)2}\end{bmatrix}$$

(5.2.12)

没错。

然后就该将 $\boldsymbol{f}$ 和这个 $\boldsymbol{X}$ 相乘了吧?

$$\boldsymbol{f}^{\mathrm{T}}\boldsymbol{X}$$

(5.2.13)

嗯，这样就能一次性地更新 θ 了。

的确如此，我试着实现一下……是这样的吗？

■ 在 Python 交互式环境中执行（示例代码：5-2-9）

```
>>> # 误差的差值
>>> diff = 1
>>>
>>> # 重复学习
>>> error = E(X, train_y)
>>> while diff > 1e-2:
...     # 更新参数
...     theta = theta - ETA * np.dot(f(X) - train_y, X)
...     # 计算与上一次误差的差值
...     current_error = E(X, train_y)
...     diff = error - current_error
...     error = current_error
...
```

很好，代码简单多了，也执行成功了。

再把结果绘图吧。

好，我们来看一下图（图 5-4）。

■ 在 Python 交互式环境中执行（示例代码：5-2-10）

```
>>> x = np.linspace(-3, 3, 100)
>>>
>>> plt.plot(train_z, train_y, 'o')
>>> plt.plot(x, f(to_matrix(x)))
>>> plt.show()
```

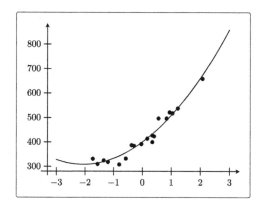

图 5-4

 这次变成了拟合训练数据的曲线了！

 顺利完成。

 实现了一遍之后，我的理解确实更深刻了。

 以重复次数为横轴、**均方误差**为纵轴来绘图，应该还会看到曲线不断下降的样子。

均方误差是用表达式 4.2.1 计算的那个吗?

$$\frac{1}{n} \sum_{i=1}^{n} \left(y^{(i)} - f_{\boldsymbol{\theta}}(\boldsymbol{x}^{(i)}) \right)^2$$

(5.2.14)

 没错,就是这个。

 在停止重复的条件里可以用上均方误差吧?我试试看(图 5-5)。

■ 在 Python 交互式环境中执行(示例代码:5-2-11)

```
>>> # 均方误差
>>> def MSE(x, y):
...     return (1 / x.shape[0]) * np.sum((y - f(x)) ** 2)
...
>>> # 用随机值初始化参数
>>> theta = np.random.rand(3)
>>>
>>> # 均方误差的历史记录
>>> errors = []
>>>
>>> # 误差的差值
>>> diff = 1
>>>
>>> # 重复学习
>>> errors.append(MSE(X, train_y))
>>> while diff > 1e-2:
...     theta = theta - ETA * np.dot(f(X) - train_y, X)
```

```
...        errors.append(MSE(X, train_y))
...        diff = errors[-2] - errors[-1]
...
>>> # 绘制误差变化图
>>> x = np.arange(len(errors))
>>>
>>> plt.plot(x, errors)
>>> plt.show()
```

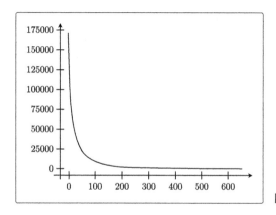

图 5-5

误差果然不断在下降。

现在你对回归已经掌握得很好了。

咱们再试试**随机梯度下降法**的实现吧？

好的，试试看吧。

随机梯度下降法的做法是使用表达式 2.6.2 来更新参数，表达式中的 k 是随机选择的，对吧？

$$\theta_j := \theta_j - \eta \left(f_{\boldsymbol{\theta}}(\boldsymbol{x}^{(k)}) - y^{(k)} \right) x_j^{(k)} \qquad (5.2.15)$$

嗯。现在有了训练数据的矩阵 $\boldsymbol{X}$，把行的顺序随机地予以调整，然后重复应用更新表达式就行了。

我试试看。

■ 在 Python 交互式环境中执行（示例代码：5-2-12）

```
>>> # 用随机数对参数初始化
>>> theta = np.random.rand(3)
>>>
>>> # 均方误差的历史记录
>>> errors = []
>>>
>>> # 误差的差值
>>> diff = 1
>>>
```

```
>>> # 重复学习
>>> errors.append(MSE(X, train_y))
>>> while diff > 1e-2:
...     # 为了调整训练数据的顺序，准备随机的序列
...     p = np.random.permutation(X.shape[0])
...     # 随机取出训练数据，使用随机梯度下降法更新参数
...     for x, y in zip(X[p,:], train_y[p]):
...         theta = theta - ETA * (f(x) - y) * x
...     # 计算与上一次误差的差值
...     errors.append(MSE(X, train_y))
...     diff = errors[-2] - errors[-1]
...
```

没有错误，应该是正常执行了。再次绘图来确认一下（图 5-6）。

■ 在 Python 交互式环境中执行（示例代码：5-2-13）

```
>>> x = np.linspace(-3, 3, 100)
>>>
>>> plt.plot(train_z, train_y, 'o')
>>> plt.plot(x, f(to_matrix(x)))
>>> plt.show()
```

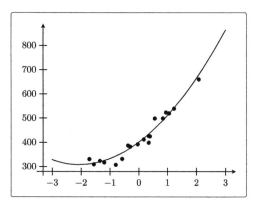

图 5-6

不错，拟合得很好。

对于**多重回归**的实现，也可以像多项式回归时那样使用矩阵吗？

基本上是可以的。不过要注意对多重回归的变量进行标准化时，必须对每个参数都进行标准化。如果有变量 x_1、x_2、x_3，就要分别使用每个变量的平均值和标准差进行标准化。

$$z_1^{(i)} = \frac{x_1^{(i)} - \mu_1}{\sigma_1}$$

$$z_2^{(i)} = \frac{x_2^{(i)} - \mu_2}{\sigma_2}$$

$$z_3^{(i)} = \frac{x_3^{(i)} - \mu_3}{\sigma_3} \tag{5.2.16}$$

我明白了。

统计学领域有一个著名的数据集，叫 Iris，使用 Iris 数据集来进行各种尝试应该会很有意思。利用已学到的知识，你应该没问题的。

Iris 吗？谢谢，我下次用它试试看。

5.3 | 分类——感知机

5.3.1 | 确认训练数据

接下来我要挑战分类问题的实现！

我们接触过**感知机**和**逻辑回归**两种分类，先从感知机开始怎么样？

好啊，两个我都想试试。

和回归的时候一样，这次我又随便准备了一些用于分类的数据，我们就用它们吧。

x1,x2,y
153,432,-1
220,262,-1
118,214,-1
474,384,1
485,411,1
233,430,-1
396,361,1
484,349,1
429,259,1
286,220,1
399,433,-1
403,340,1
252,34,1
497,472,1
379,416,-1
76,163,-1
263,112,1
26,193,-1
61,473,-1
420,253,1

这是分类问题的训练数据吧。那和回归的时候一样，先将它们画成图来看看吧。

好。在图中用圆点表示 $y = 1$ 的数据、用叉号表示 $y = -1$ 的数据可能会更容易理解。

我试试看（图 5-7）。

■ 在 Python 交互式环境中执行（示例代码：5-3-1）

```
>>> import numpy as np
>>> import matplotlib.pyplot as plt
>>>
>>> # 读入训练数据
>>> train = np.loadtxt('images1.csv', delimiter=',', skiprows=1)
>>> train_x = train[:,0:2]
>>> train_y = train[:,2]
>>>
>>> # 绘图
>>> plt.plot(train_x[train_y ==  1, 0], train_x[train_y ==  1, 1], 'o')
>>> plt.plot(train_x[train_y == -1, 0], train_x[train_y == -1, 1], 'x')
>>> plt.axis('scaled')
>>> plt.show()
```

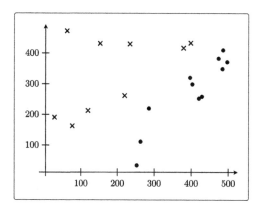

图 5-7

啊啊，原来是这样的数据呀！

5.3.2 | 感知机的实现

 首先要初始化感知机的权重，然后实现这个在表达式 3.3.1 中出现的函数 $f_{\boldsymbol{w}}(\boldsymbol{x})$。

$$f_{\boldsymbol{w}}(\boldsymbol{x}) = \begin{cases} 1 & (\boldsymbol{w} \cdot \boldsymbol{x} \geqslant 0) \\ -1 & (\boldsymbol{w} \cdot \boldsymbol{x} < 0) \end{cases}$$

$$(5.3.1)$$

 好，我先写一下权重初始化和用于定义判别函数的代码。

■ 在 Python 交互式环境中执行（示例代码：5-3-2）

```
>>> # 权重的初始化
>>> w = np.random.rand(2)
>>>
>>> # 判别函数
>>> def f(x):
...     if np.dot(w, x) >= 0:
...         return 1
...     else:
...         return -1
...
```

嗯，好的。接下来只需实现权重的更新表达式，也就是以前我们讲过的表达式 3.3.3。很简单哦。

$$\boldsymbol{w} := \begin{cases} \boldsymbol{w} + y^{(i)}\boldsymbol{x}^{(i)} & (f_{\boldsymbol{w}}(\boldsymbol{x}^{(i)}) \neq y^{(i)}) \\ \boldsymbol{w} & (f_{\boldsymbol{w}}(\boldsymbol{x}^{(i)}) = y^{(i)}) \end{cases} \tag{5.3.2}$$

感知机停止学习的标准是什么呢？它没有类似于回归的目标函数的东西吧？

根据精度来决定是否停止是最好的，不过这里我们姑且先重复 10 次好了。

好的!

■ 在 Python 交互式环境中执行（示例代码：5-3-3）

```
>>> # 重复次数
>>> epoch = 10
>>>
>>> # 更新次数
>>> count = 0
>>>
>>> # 学习权重
>>> for _ in range(epoch):
...     for x, y in zip(train_x, train_y):
...         if f(x) != y:
...             w = w + y * x
...             # 输出日志
...             count += 1
...             print(' 第{}次：w = {}'.format(count, w))
...
```

输出的日志是这样的。

■ 日志

第 1 次：w = [-152.90496544 -431.57980099]
第 2 次：w = [321.09503456 -47.57980099]
第 3 次：w = [88.09503456 -477.57980099]
第 4 次：w = [484.09503456 -156.57980099]
第 5 次：w = [85.09503456 -589.57980099]
第 6 次：w = [488.09503456 -289.57980099]
第 7 次：w = [109.09503456 -705.57980099]
第 8 次：w = [372.09503456 -593.57980099]
第 9 次：w = [846.09503456 -209.57980099]
第 10 次：w = [613.09503456 -639.57980099]

那我们画一条直线看看吧。使权重向量成为法线向量的直线方程是内积为 0 的 x 的集合。所以对它进行移项变形，最终绘出以下表达式的图形即可。

$$\boldsymbol{w} \cdot \boldsymbol{x} = w_1 x_1 + w_2 x_2 = 0$$

$$x_2 = -\frac{w_1}{w_2} x_1 \tag{5.3.3}$$

嗯，我试试看（图 5-8）。

■ 在 Python 交互式环境中执行（示例代码：5-3-4）

```
>>> x1 = np.arange(0, 500)
>>>
>>> plt.plot(train_x[train_y ==  1, 0], train_x[train_y ==  1, 1], 'o')
>>> plt.plot(train_x[train_y == -1, 0], train_x[train_y == -1, 1], 'x')
>>> plt.plot(x1, -w[0] / w[1] * x1, linestyle='dashed')
>>> plt.show()
```

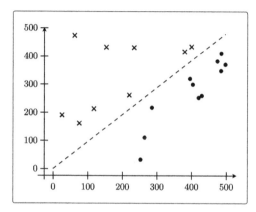

图 5-8

 分类效果真不错啊。这次没有对训练数据进行标准化，居然也可以执行。

 是的。一开始我就说过，一般来说进行标准化效果会更好，但不标准化有时也可以执行。这次就是一个例子。

5.3.3 │ 验证

 那我随便拿几个不同大小的图像让模型分类看看。

■ 在 Python 交互式环境中执行（示例代码：5-3-5）

```
>>> # 200×100 的横向图像
>>> f([200, 100])
1
>>> # 100×200 的纵向图像
>>> f([100, 200])
-1
```

 分类得不错嘛。

 我把你写的感知机程序总结了一下。

■ 示例文件：classification1_perceptron.py

```
import numpy as np
import matplotlib.pyplot as plt

# 读入训练数据
train = np.loadtxt('images1.csv', delimiter=',', skiprows=1)
train_x = train[:,0:2]
train_y = train[:,2]

# 权重初始化
w = np.random.rand(2)

# 判别函数
def f(x):
    if np.dot(w, x) >= 0:
```

```
        return 1
    else:
        return -1

# 重复次数
epoch = 10

# 更新次数
count = 0

# 学习权重
for _ in range(epoch):
    for x, y in zip(train_x, train_y):
        if f(x) != y:
            w = w + y * x

            # 输出日志
            count += 1
            print('第{}次：w = {}'.format(count, w))

# 绘图确认
x1 = np.arange(0, 500)
plt.plot(train_x[train_y ==  1, 0], train_x[train_y ==  1, 1], 'o')
plt.plot(train_x[train_y == -1, 0], train_x[train_y == -1, 1], 'x')
plt.plot(x1, -w[0] / w[1] * x1, linestyle='dashed')
plt.show()
```

 我们刚才试验的都是二维数据，如果增加训练数据和 w 的维度，那么模型也可以处理三维以上的数据。不过模型依然只能解决线性可分的问题。

感知机还挺简单的。

5.4 | 分类——逻辑回归

5.4.1 | 确认训练数据

下一个要做的是**逻辑回归**！训练数据就先用实现感知机时用过的数据吧？

那个数据中的 x_1 和 x_2 可以不变，但 y 需要变一下。因为在逻辑回归中，我们需要把横向分配为 1、纵向分配为 0。

哦，对哦。那我修改一下训练数据中 y 的值。

■ images2.csv

x1,x2,y
153,432,0
220,262,0
118,214,0
474,384,1
485,411,1
233,430,0
396,361,1
484,349,1
429,259,1

| 286,220,1 |
| 399,433,0 |
| 403,340,1 |
| 252,34,1 |
| 497,472,1 |
| 379,416,0 |
| 76,163,0 |
| 263,112,1 |
| 26,193,0 |
| 61,473,0 |
| 420,253,1 |

5.4.2 | 逻辑回归的实现

首先初始化参数，然后对训练数据标准化吧。x_1 和 x_2 要分别标准化。另外不要忘了加一个 x_0 列。

知道了。对 x_1 和 x_2 分别取平均值和标准差，进行标准化（图 5-9）。

■ 在 Python 交互式环境中执行（示例代码：5-4-1）

```
>>> import numpy as np
>>> import matplotlib.pyplot as plt
>>>
>>> # 读入训练数据
>>> train = np.loadtxt('images2.csv', delimiter=',', skiprows=1)
>>> train_x = train[:,0:2]
>>> train_y = train[:,2]
>>>
```

```
>>> # 初始化参数
>>> theta = np.random.rand(3)
>>>
>>> # 标准化
>>> mu = train_x.mean(axis=0)
>>> sigma = train_x.std(axis=0)
>>> def standardize(x):
...     return (x - mu) / sigma
...
>>> train_z = standardize(train_x)
>>>
>>> # 增加 x0
>>> def to_matrix(x):
...     x0 = np.ones([x.shape[0], 1])
...     return np.hstack([x0, x])
...
>>> X = to_matrix(train_z)
>>>
>>> # 将标准化后的训练数据画成图
>>> plt.plot(train_z[train_y == 1, 0], train_z[train_y == 1, 1], 'o')
>>> plt.plot(train_z[train_y == 0, 0], train_z[train_y == 0, 1], 'x')
>>> plt.show()
```

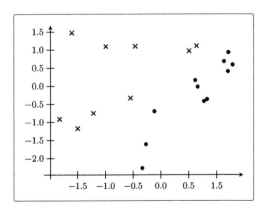

图 5-9

轴的刻度变了，说明标准化成功了。

下一个要做的是预测函数的实现。还记得在表达式 3.5.2 见过的 sigmoid 函数吗？

$$f_{\boldsymbol{\theta}}(\boldsymbol{x}) = \frac{1}{1 + \exp(-\boldsymbol{\theta}^{\mathrm{T}}\boldsymbol{x})} \tag{5.4.1}$$

当然，这样就可以了吧？

■ 在 Python 交互式环境中执行（示例代码：5-4-2）

```
>>> # sigmoid 函数
>>> def f(x):
...     return 1 / (1 + np.exp(-np.dot(x, theta)))
...
```

到此事前准备就结束了，接下来是参数更新部分的实现。学习逻辑回归的时候，我们进行了定义逻辑回归的似然函数，对对数似然函数进行微分等一系列操作，然后最终得到的参数更新表达式 3.7.18 是这样的。

$$\theta_j := \theta_j - \eta \sum_{i=1}^{n} \left(f_{\boldsymbol{\theta}}(\boldsymbol{x}^{(i)}) - y^{(i)} \right) x_j^{(i)} \tag{5.4.2}$$

与回归时一样，将 $f_{\boldsymbol{\theta}}(\boldsymbol{x}^{(i)}) - y^{(i)}$ 当作向量来处理，将它与训练数据的矩阵相乘就行了吧？

没错。我们把重复次数设置得稍微多一点，比如 5000 次左右。在实际问题中需要通过反复尝试来设置这个值，即通过确认学习中的精度来确定重复多少次才足够好。

好的，我实现一下试试。

■ 在 Python 交互式环境中执行（示例代码：5-4-3）

```
>>> # 学习率
>>> ETA = 1e-3
>>>
>>> # 重复次数
>>> epoch = 5000
>>>
>>> # 重复学习
>>> for _ in range(epoch):
...     theta = theta - ETA * np.dot(f(X) - train_y, X)
...
```

 程序执行成功了。

 那我们用图来确认一下结果吧。之前说过在逻辑回归中，$\theta^{\mathrm{T}} x = 0$ 这条直线是决策边界。

 也就是说，$\theta^{\mathrm{T}} x \geqslant 0$ 时图像是横向的，$\theta^{\mathrm{T}} x < 0$ 时图像是纵向的。

 对，将 $\theta^{\mathrm{T}} x = 0$ 变形并加以整理，得到这样的表达式。你把它用图来展示一下看看。

$$\boldsymbol{\theta}^{\mathrm{T}}\boldsymbol{x} = \theta_0 x_0 + \theta_1 x_1 + \theta_2 x_2$$
$$= \theta_0 + \theta_1 x_1 + \theta_2 x_2 = 0$$
$$x_2 = -\frac{\theta_0 + \theta_1 x_1}{\theta_2}$$

$$(5.4.3)$$

 它的代码与实现感知机时的代码差不多（图 5-10）。

■ 在 Python 交互式环境中执行（示例代码：5-4-4）

```
>>> x0 = np.linspace(-2, 2, 100)
>>>
>>> plt.plot(train_z[train_y == 1, 0], train_z[train_y == 1, 1], 'o')
>>> plt.plot(train_z[train_y == 0, 0], train_z[train_y == 0, 1], 'x')
>>> plt.plot(x0, -(theta[0] + theta[1] * x0) / theta[2],
linestyle='dashed')
>>> plt.show()
```

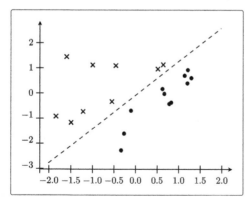

图 5-10

 现在通过逻辑回归也能很好地分类了！

5.4.3 | 验证

 接下来我们尝试对任意图像进行分类。不要忘了对预测数据进行标准化哦。

 我试试看。

■ 在 Python 交互式环境中执行（示例代码：5-4-5）

```
>>> f(to_matrix(standardize([
...     [200,100], # 200×100 的横向图像
...     [100,200]  # 100×200 的纵向图像
... ])))
array([ 0.91740319,  0.02955752])
```

 这个结果是怎么回事呀？

 $f_\theta(x)$ 返回的是 x 为横向的概率。

 哦哦，对啊。所以前面 200×100 的图像对应的值 0.917 403 19 意味着图像是横向的概率为 91.7%，而 100×200 的图像对应的值 0.029 557 52 意味着图像是纵向的概率为 2.9%。

 没错。直接看概率可能不够直观，我们可以确定一个阈值，然后定义一个根据阈值返回 1 或 0 的函数。

 有道理。是这样吗？

■ 在 Python 交互式环境中执行（示例代码：5-4-6）

```
>>> def classify(x):
...     return (f(x) >= 0.5).astype(np.int)
...
>>> classify(to_matrix(standardize([
...     [200,100], # 200×100 的横向图像
...     [100,200]  # 100×200 的纵向图像
... ])))
array([1, 0])
```

这样确实更容易理解。200×100 被分类为横向，而 100×200 被分类为纵向了。

那我和之前一样，把你写的代码汇总起来。

■ 示例文件：classification2_logistic_regression.py

```
import numpy as np
import matplotlib.pyplot as plt

# 读入训练数据
train = np.loadtxt('images2.csv', delimiter=',', skiprows=1)
train_x = train[:,0:2]
train_y = train[:,2]

# 参数初始化
theta = np.random.rand(3)

# 标准化
mu = train_x.mean(axis=0)
sigma = train_x.std(axis=0)
```

```python
def standardize(x):
    return (x - mu) / sigma


train_z = standardize(train_x)


# 增加 x0
def to_matrix(x):
    x0 = np.ones([x.shape[0], 1])
    return np.hstack([x0, x])


X = to_matrix(train_z)


# sigmoid 函数
def f(x):
    return 1 / (1 + np.exp(-np.dot(x, theta)))


# 分类函数
def classify(x):
    return (f(x) >= 0.5).astype(np.int)


# 学习率
ETA = 1e-3


# 重复次数
epoch = 5000


# 更新次数
count = 0


# 重复学习
for _ in range(epoch):
    theta = theta - ETA * np.dot(f(X) - train_y, X)
```

```
# 日志输出
count += 1
print('第{}次 : theta = {}'.format(count, theta))
```

```
# 绘图确认
x0 = np.linspace(-2, 2, 100)
plt.plot(train_z[train_y == 1, 0], train_z[train_y == 1, 1], 'o')
plt.plot(train_z[train_y == 0, 0], train_z[train_y == 0, 1], 'x')
plt.plot(x0, -(theta[0] + theta[1] * x0) / theta[2], linestyle='dashed')
plt.show()
```

5.4.4 | 线性不可分分类的实现

再试一下**线性不可分问题**怎么样？

嗯，我要试!

那这次使用这样的数据吧。

■ data3.csv

```
x1,x2,y
0.54508775,2.34541183,0
0.32769134,13.43066561,0
4.42748117,14.74150395,0
2.98189041,-1.81818172,1
4.02286274,8.90695686,1
```

```
2.26722613,-6.61287392,1

-2.66447221,5.05453871,1

-1.03482441,-1.95643469,1

4.06331548,1.70892541,1

2.89053966,6.07174283,0

2.26929206,10.59789814,0

4.68096051,13.01153161,1

1.27884366,-9.83826738,1

-0.1485496,12.99605136,0

-0.65113893,10.59417745,0

3.69145079,3.25209182,1

-0.63429623,11.6135625,0

0.17589959,5.84139826,0

0.98204409,-9.41271559,1

-0.11094911,6.27900499,0
```

 哇，这和之前的数据不一样，有点看不明白啊。我先按照之前的标准做法，将它们画成图看看（图 5-11）。

■ 在 Python 交互式环境中执行（示例代码：5-4-7）

```
>>> import numpy as np
>>> import matplotlib.pyplot as plt
>>>
>>> # 读入训练数据
>>> train = np.loadtxt('data3.csv', delimiter=',', skiprows=1)
>>> train_x = train[:,0:2]
>>> train_y = train[:,2]
>>>
>>> plt.plot(train_x[train_y == 1, 0], train_x[train_y == 1, 1], 'o')
>>> plt.plot(train_x[train_y == 0, 0], train_x[train_y == 0, 1], 'x')
>>> plt.show()
```

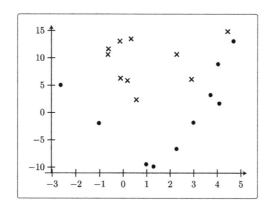

图 5-11

 这个数据看上去确实不能用一条直线来分类，要用二次函数吗？

 是的。在训练数据里加上 x_1^2 就能很好地分类了。

 也就是说要增加一个 θ_3 参数，参数总数达到四个了。

■ 在 Python 交互式环境中执行（示例代码：5-4-8）

```
>>> # 参数初始化
>>> theta = np.random.rand(4)
...
>>> # 标准化
>>> mu = train_x.mean(axis=0)
>>> sigma = train_x.std(axis=0)
>>> def standardize(x):
...     return (x - mu) / sigma
...
>>> train_z = standardize(train_x)
>>>
```

```
>>> # 增加 x0 和 x3
>>> def to_matrix(x):
...     x0 = np.ones([x.shape[0], 1])
...     x3 = x[:,0,np.newaxis] ** 2
...     return np.hstack([x0, x, x3])
...
>>> X = to_matrix(train_z)
```

 没错。sigmoid 函数和学习的部分与刚才完全一样就行，可以直接执行了。

 那我就把它们复制过来好了。

■ 在 Python 交互式环境中执行（示例代码：5-4-9）

```
>>> # sigmoid 函数
>>> def f(x):
...     return 1 / (1 + np.exp(-np.dot(x, theta)))
...
>>> # 学习率
>>> ETA = 1e-3
>>>
>>> # 重复次数
>>> epoch = 5000
>>>
>>> # 重复学习
>>> for _ in range(epoch):
...     theta = theta - ETA * np.dot(f(X) - train_y, X)
...
```

没有发生错误，好像执行成功了。那怎么把结果画成图呢？

对于有四个参数的 $\boldsymbol{\theta}^{\mathrm{T}}\boldsymbol{x} = 0$ 可以这样变形，然后按这个公式画图就行了。

$$\boldsymbol{\theta}^{\mathrm{T}}\boldsymbol{x} = \theta_0 x_0 + \theta_1 x_1 + \theta_2 x_2 + \theta_3 x_1^2$$

$$= \theta_0 + \theta_1 x_1 + \theta_2 x_2 + \theta_3 x_1^2 = 0$$

$$x_2 = -\frac{\theta_0 + \theta_1 x_1 + \theta_3 x_1^2}{\theta_2} \tag{5.4.4}$$

对哦，我本来也想导出表达式来着……我试试（图 5-12）。

■ 在 Python 交互式环境中执行（示例代码：5-4-10）

```
>>> x1 = np.linspace(-2, 2, 100)
>>> x2 = -(theta[0] + theta[1] * x1 + theta[3] * x1 ** 2) / theta[2]
>>>
>>> plt.plot(train_z[train_y == 1, 0], train_z[train_y == 1, 1], 'o')
>>> plt.plot(train_z[train_y == 0, 0], train_z[train_y == 0, 1], 'x')
>>> plt.plot(x1, x2, linestyle='dashed')
>>> plt.show()
```

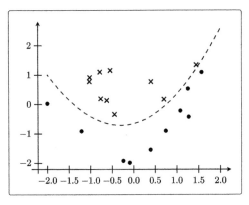

图 5-12

 哇，好厉害。**决策边界**已经变成曲线了。

 和回归时一样，将重复次数作为横轴、精度作为纵轴来绘图，这次应该会看到**精度**上升的样子。

 在表达式 4.2.2 中我们看到过精度的计算方法，是这个表达式吗?

$$Accuracy = \frac{\text{TP} + \text{TN}}{\text{TP} + \text{FP} + \text{FN} + \text{TN}}$$

(5.4.5)

 嗯，就是这个。这个值是被正确分类的数据个数占全部个数的比例。

 好的，我来验证一下（图 5-13）。

■ 在 Python 交互式环境中执行（示例代码：5-4-11）

```
>>> # 参数初始化
>>> theta = np.random.rand(4)
>>>
>>> # 精度的历史记录
>>> accuracies = []
>>>
>>> # 重复学习
>>> for _ in range(epoch):
...     theta = theta - ETA * np.dot(f(X) - train_y, X)
...     # 计算现在的精度
...     result = classify(X) == train_y
...     accuracy = len(result[result == True]) / len(result)
...     accuracies.append(accuracy)
...
>>> # 将精度画成图
>>> x = np.arange(len(accuracies))
>>>
>>> plt.plot(x, accuracies)
>>> plt.show()
```

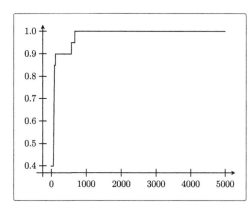

图 5-13

随着次数的增加，精度的确变好了。不过，这条线怎么有棱有角的？

这是训练数据只有 20 个的缘故。精度值只能为 0.05 的整数倍，所以这条线看起来有棱有角。

这样呀，不过仔细一想确实是这样。

而且从图中可以看出，在重复满 5000 次之前，精度已经到 1.0 了。刚才我是随口说了个 5000 次，也可以像这样，每次学习后都计算精度，当精度达到满意的程度后就停止学习。

一开始你说过根据精度来决定是否停止，说的就是这事儿吧？

5.4.5 | 随机梯度下降法的实现

我们要不要再像回归时所做的那样，试试**随机梯度下降法**的实现？

嗯，我试试看。不过要做的也就是把学习部分稍稍修改一下吧？

■ 在 Python 交互式环境中执行（示例代码：5-4-12）

```
>>> # 参数初始化
>>> theta = np.random.rand(4)
>>>
>>> # 重复学习
```

```
>>> for _ in range(epoch):
...     # 使用随机梯度下降法更新参数
...     p = np.random.permutation(X.shape[0])
...     for x, y in zip(X[p,:], train_y[p]):
...         theta = theta - ETA * (f(x) - y) * x
```

嗯，这样就可以了。

再用图来确认一下（图 5-14）。

■ 在 Python 交互式环境中执行（示例代码：5-4-13）

```
>>> x1 = np.linspace(-2, 2, 100)
>>> x2 = -(theta[0] + theta[1] * x1 + theta[3] * x1 ** 2) / theta[2]
>>>
>>> plt.plot(train_z[train_y == 1, 0], train_z[train_y == 1, 1], 'o')
>>> plt.plot(train_z[train_y == 0, 0], train_z[train_y == 0, 1], 'x')
>>> plt.plot(x1, x2, linestyle='dashed')
>>> plt.show()
```

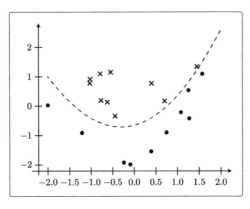

图 5-14

 分类的效果很不错！

 现在你应该也掌握分类了。Iris 数据集也可以用在分类上，你可以用它进行更多的尝试。

5.5 | 正则化

5.5.1 | 确认训练数据

 对了，我还想试试**正则化**。

 哦，对哦。确认一下正则化的行为比较好。

嗯。我估计它的实现也是稍稍修改一下学习部分就行了，没错吧？

是的。不过除了应用正则化以外，如果能通过比较过拟合时图的状态和应用了正则化后图的状态，具体总结出正则化对模型施加了什么样的影响就更好了。

这么说我首先还得特意弄出一个过拟合的状态……减少训练数据、增加训练次数就行了是吗？

基本做法是这样的。对于正则化，我也试错了好多次才很好地实现了可视化，所以这次我就一边写一边说明吧，好吗？

哦哦，这样呀。那边说边写再好不过了，谢谢啦。

首先来看一下这样的函数。

$$g(x) = 0.1(x^3 + x^2 + x) \tag{5.5.1}$$

我们造一些向这个 $g(x)$ 加入了一点噪声的训练数据，然后将它们画成图（图 5-15）。

■ 在 Python 交互式环境中执行（示例代码：5-5-1）

```
>>> import numpy as np
>>> import matplotlib.pyplot as plt
>>>
>>> # 真正的函数
>>> def g(x):
...     return 0.1 * (x ** 3 + x ** 2 + x)
```

```
...
>>> # 随意准备一些向真正的函数加入了一点噪声的训练数据
>>> train_x = np.linspace(-2, 2, 8)
>>> train_y = g(train_x) + np.random.randn(train_x.size) * 0.05
>>>
>>> # 绘图确认
>>> x = np.linspace(-2, 2, 100)
>>> plt.plot(train_x, train_y, 'o')
>>> plt.plot(x, g(x), linestyle='dashed')
>>> plt.ylim(-1, 2)
>>> plt.show()
```

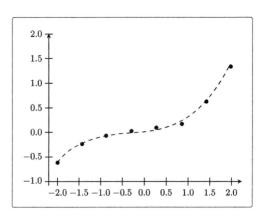

图 5-15

 虚线就是正确的 $g(x)$ 的图形，圆点就是加入了一点噪声的训练数据。我先准备了 8 个数据。

 好的。

 假设我们用 10 次多项式来学习这个训练数据。首先编写从创建训练数据的矩阵到预测函数的定义为止的代码。

■ 在 Python 交互式环境中执行（示例代码：5-5-2）

```
>>> # 标准化
>>> mu = train_x.mean()
>>> sigma = train_x.std()
>>> def standardize(x):
...     return (x - mu) / sigma
...
>>> train_z = standardize(train_x)
>>>
>>> # 创建训练数据的矩阵
>>> def to_matrix(x):
...     return np.vstack([
...         np.ones(x.size),
...         x,
...         x ** 2,
...         x ** 3,
...         x ** 4,
...         x ** 5,
...         x ** 6,
...         x ** 7,
...         x ** 8,
...         x ** 9,
...         x ** 10,
...     ]).T
...
>>> X = to_matrix(train_z)
>>>
>>> # 参数初始化
>>> theta = np.random.randn(X.shape[1])
>>>
>>> # 预测函数
>>> def f(x):
...     return np.dot(x, theta)
...
```

到这里为止都没问题吧？

嗯，没问题。10 次多项式，这个好厉害。包括参数 θ_0 在内，一共有 11 个参数了。

5.5.2 | 不应用正则化的实现

那我们就开始实现学习部分吧。首先是不应用正则化的状态（图 5-16）。η 值和学习的结束条件是根据我之前多次尝试的结果来决定的。

■ 在 Python 交互式环境中执行（示例代码：5-5-3）

```
>>> # 目标函数
>>> def E(x, y):
...     return 0.5 * np.sum((y - f(x)) ** 2)
...
>>> # 学习率
>>> ETA = 1e-4
>>>
>>> # 误差
>>> diff = 1
>>>
>>> # 重复学习
>>> error = E(X, train_y)
>>> while diff > 1e-6:
...     theta = theta - ETA * np.dot(f(X) - train_y, X)
...     current_error = E(X, train_y)
...     diff = error - current_error
```

```
...          error = current_error
...
>>> # 对结果绘图
>>> z = standardize(x)
>>> plt.plot(train_z, train_y, 'o')
>>> plt.plot(z, f(to_matrix(z)))
>>> plt.show()
```

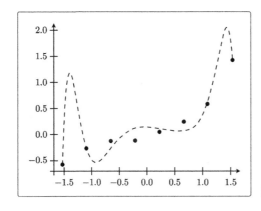

图 5-16

 这个图像怎么看上去歪歪扭扭的。*

 这就是发生了过拟合的状态。由于参数的初始值是随机数，所以每次执行时这个图的形状都不一样。但是，从该图中也能看出它与 $g(x)$ 相差很远。

 如果应用了正则化，这个图就会变好一点吧？

---

* 大家得到的图 5-16 ~ 图 5-18 有可能与书中印刷的图形不同，而且每次执行时形状都会发生变化。

5.5.3 | 应用了正则化的实现

 那我们就应用正则化来学习看看（图5-17）。λ的值也是根据我之前多次尝试的结果来决定的。

■ 在 Python 交互式环境中执行（示例代码：5-5-4）

```
>>> # 保存未正则化的参数，然后再次参数初始化
>>> theta1 = theta
>>> theta = np.random.randn(X.shape[1])
>>>
>>> # 正则化常量
>>> LAMBDA = 1
>>>
>>> # 误差
>>> diff = 1
>>>
>>> # 重复学习（包含正则化项）
>>> error = E(X, train_y)
>>> while diff > 1e-6:
...     # 正则化项。偏置项不适用正则化，所以为0
...     reg_term = LAMBDA * np.hstack([0, theta[1:]])
...     # 应用正则化项，更新参数
...     theta = theta - ETA * (np.dot(f(X) - train_y, X) + reg_term)
...     current_error = E(X, train_y)
...     diff = error - current_error
...     error = current_error
...
>>> # 对结果绘图
>>> plt.plot(train_z, train_y, 'o')
>>> plt.plot(z, f(to_matrix(z)))
>>> plt.show()
```

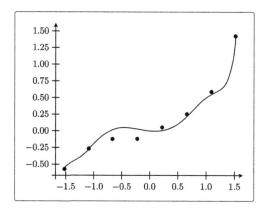

图 5-17

 好厉害，现在的模型比刚才的更拟合训练数据。

 为了便于比较，我把未应用和应用了正则化这两种情况展示在一张图上了（图 5-18）。虚线是未应用正则化的情况，而实线是应用了正则化的情况。

■ 在 Python 交互式环境中执行（示例代码：5-5-5）

```
>>> # 保存应用了正则化的参数
>>> theta2 = theta
>>>
>>> plt.plot(train_z, train_y, 'o')
>>>
>>> # 画出未应用正则化的结果
>>> theta = theta1
>>> plt.plot(z, f(to_matrix(z)), linestyle='dashed')
>>>
>>> # 画出应用了正则化的结果
>>> theta = theta2
>>> plt.plot(z, f(to_matrix(z)))
>>>
>>> plt.show()
```

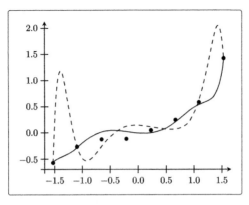

图 5-18

正则化很有效果嘛!

这就是正则化的实际效果了。这下掌握了吧?

嗯,必须的。通过实际执行代码来确认的做法更有助于理解嘛。

那是,百闻不如一见呀。

这样就全部实现一遍了。代码实现比我想象的简单多了,而且极大地加深了理解,真是太好了! 今天真是太感谢了。

5.6 后话

最近怎么样？

多亏有你，我现在关于机器学习的学习进展得很顺利。不仅能清晰地想象出根据数据更新参数的样子，而且在读到新方法的解释时也能不费劲地理解它的意思了。

那太好了。看来我没有白教。

我最近才知道，原来梯度下降法有几个亚种，如动量法、Adagrad、Adadelta 和 Adam 等。我正在学习它们如何优化参数、每种方法的优缺点是什么。

对的。优化方法也有很多。

还有，你不是教给我线性回归、感知机和逻辑回归了嘛，我现在也在学习它们之外的算法。我查了一下，发现有随机森林、支持向量机和朴素贝叶斯等许许多多的算法。想出这些算法的人都好厉害。

你看上去非常开心呀。

嗯，开心。因为我学到了新的东西。其实我还在公司的一个系统里引入了机器学习。

是吗？引入机器学习做什么？

我们公司提供的服务里，有人工审核帖子中是否包含色情、暴力或脏话等不良内容的服务。工作量相当大，非常花时间，所以我尝试用机器学习来获得每个帖子中包含不良内容的概率。这样就帮到了审核团队，他们可以按照概率从高到低的顺序来审核。

好厉害。这个辅助工具用起来效果不错吧?

现在用得很好。我的上司和相关部门的同事都对我说了"谢谢"，我好开心。

你现在已经完全是一名机器学习工程师了嘛。我教了你这么多，你是不是要表示表示呀?

没问题! 咱们去吃甜点吧，当然我请。

这主意还不赖哦。

附　录

A.1 | 求和符号、求积符号

在表示求和运算时可以用**求和符号** $\sum$（读作"西格玛"）。假设现在我们要做从 1 加到 100 的简单求和运算。

$$1 + 2 + 3 + 4 + \cdots + 99 + 100 \tag{A.1.1}$$

写 100 个数字很麻烦，所以这个表达式中用了省略号，但是如果用求和符号，它就可以变得像下面这样简单。

$$\sum_{i=1}^{100} i \tag{A.1.2}$$

这个表达式的意思是从 $i = 1$ 开始，加到 100 为止。这是明确地表明要加到 100 的情况，对于那些不知道要加到多少的情况，可以用 n 来表示。

$$\sum_{i=1}^{n} i \tag{A.1.3}$$

在正文中出现过这样的表达式（第 2 章的表达式 2.3.2），那个表达式中用的也是 n。n 的意思是训练数据可能是 10 个，也可能是 20 个，因为现在还不明确，所以先用 n 来代替。像这种还不明确具体要加到多少个的情况，$\sum$ 也能很好地表示。

大家应该知道，正文中的那个表达式如果不使用 $\sum$ 符号，就会变成这个样子。

$$
\begin{aligned}
E(\theta) &= \frac{1}{2} \sum_{i=1}^{n} \left(y^{(i)} - f_\theta(x^{(i)}) \right)^2 \\
&= \frac{1}{2} \left(\left(y^{(1)} - f_\theta(x^{(1)}) \right)^2 + \left(y^{(2)} - f_\theta(x^{(2)}) \right)^2 + \cdots + \left(y^{(n)} - f_\theta(x^{(n)}) \right)^2 \right)
\end{aligned}
\tag{A.1.4}
$$

另外，对集合也可以使用求和符号。比如有下面这样的偶数集合。

$$G = \{2, 4, 6, 8, 10\} \tag{A.1.5}$$

如果要把这个集合 G 的所有元素相加，表达式可以这样写。

$$\sum_{g \in G} g \tag{A.1.6}$$

它的意思是 $2 + 4 + 6 + 8 + 10$。虽然和本章开头的例子不一样，没有指定开始和结束条件，但是请大家记住，我们也可以像这样对集合应用求和符号。

另外，表示乘法运算的一个很方便的符号是**求积符号** $\prod$（读作"派"）。$\prod$ 是 $\sum$ 的乘法版本。我们考虑一下这样的乘法运算。

$$1 \times 2 \times 3 \times 4 \cdots 99 \times 100 \tag{A.1.7}$$

用求积符号可以将它写成这样。

$$\prod_{i=1}^{100} i \tag{A.1.8}$$

与 $\sum$ 一样，在不知道要乘多少个时，也可以使用 n。

$$\prod_{i=1}^{n} i \tag{A.1.9}$$

A.2 微分

在机器学习领域，有多种解决最优化问题的方法，其中之一就是使用**微分**。除机器学习领域之外，微分还被应用于各种各样的场景，是非常重要的概念，建议大家一定要掌握它的基础知识。在这里，我简单地介绍一下微分的基础知识。

通过微分，可以得知函数在某个点的斜率，也可以了解函数在瞬间的变化。只这么说可能不太好理解，我们来看一个具体的例子。请想象一下开车行驶在大街上的场景。设横轴为经过时间、纵轴为行驶距离，那么下面的图 A-1 应该可以表现二者的关系。

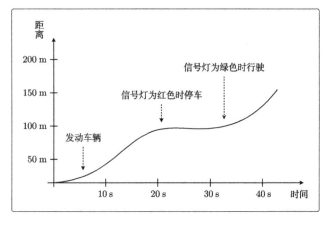

图 A-1

从图中可以看出，车辆在 40 s 内大约行驶了 120 m，所以用下述表达式可以很快地计算出这一期间的行驶速度。

$$\frac{120 \text{ m}}{40 \text{ s}} = 3 \text{ m/s} \tag{A.2.1}$$

不过这是平均速度，车辆并没有一直保持 3 m/s 的速度。从图中也可以看出，车辆在刚发动时速度较慢，缓缓前进，而在因红灯而停止时速度变为 0，完全不动了。就像这样，一般来说各个时间点的瞬时速度都取值不同。

刚才我们计算了 40 s 内的速度，为了求出"瞬间的变化量"，我们来渐渐缩小时间的间隔。看一下图 A-2 中 10 s 到 20 s 的情况。这一期间车辆跑了大约 60 m，所以可以这样求出它的速度。

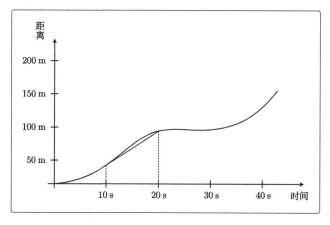

图 A-2

$$\frac{60 \text{ m}}{10 \text{ s}} = 6 \text{ m/s}$$

(A.2.2)

这与求某个区间内图形的斜率是一回事。使用同样的做法，接着求 10 s 和 11 s 之间的斜率，进而求 10.0 s 和 10.1 s 之间的斜率。逐渐缩小时间的间隔，最终就可以得出 10 s 那一瞬间的斜率，也就是速度。像这样缩小间隔求斜率的方法正是微分。

为了求得这种"瞬间的变化量"，我们设函数为 $f(x)$、h 为微小的数，那么函数 $f(x)$ 在点 x 的斜率就可以用以下表达式表示。

$$\frac{\mathrm{d}}{\mathrm{d}x} f(x) = \lim_{h \to 0} \frac{f(x+h) - f(x)}{h}$$

(A.2.3)

※ $\frac{\mathrm{d}}{\mathrm{d}x}$ 称为微分运算符，在表示 $f(x)$ 的微分时可以写作 $\frac{\mathrm{d}f(x)}{\mathrm{d}x}$ 或 $\frac{\mathrm{d}}{\mathrm{d}x} f(x)$。此外，同样用于表示微分的符号还有撇（$'$），$f(x)$ 的微分也可以表示为 $f'(x)$。用哪一种写法都没有问题，本书统一使用微分运算符 $\frac{\mathrm{d}}{\mathrm{d}x}$ 的写法。

用字母来描述可能会让大家感到突然变难了，所以我们代入具体的数字来看看，这样有助于理解。比如，考虑一下刚才那个计算 10.0 s 和 10.1 s 之间的斜率的例子。在那种情况下 $x = 10$、$h = 0.1$。假设车辆在 10.0 s 那个时间点行驶了 40.0 m，在 10.1 s 的时间点行驶了 40.6 m，那么可以进行如下计算。

$$\frac{f(10 + 0.1) - f(10)}{0.1} = \frac{40.6 - 40}{0.1} = 6 \tag{A.2.4}$$

这里的 6 就是斜率，在这个例子中它表示速度。本来 h 应当无限接近 0，所以要用比 0.1 小得非常多的值来计算，但这里只是一个例子，姑且就用 $h = 0.1$ 了。

通过计算这样的表达式，可以求出函数 $f(x)$ 在点 x 的斜率，也就是说可以微分。实际上，直接用这个表达式也不太容易计算，但微分有一些很有用的、值得我们去记住的特性。这里就介绍一些在本书中会用到的特性。

第一个特性是当 $f(x) = x^n$ 时，对它进行微分可以得到以下表达式。

$$\frac{\mathrm{d}}{\mathrm{d}x} f(x) = n x^{n-1} \tag{A.2.5}$$

第二个特性是若有函数 $f(x)$ 和 $g(x)$，以及常数 a，那么下述微分表达式成立。它们体现出来的特性被称为**线性**。

$$\frac{\mathrm{d}}{\mathrm{d}x}(f(x) + g(x)) = \frac{\mathrm{d}}{\mathrm{d}x} f(x) + \frac{\mathrm{d}}{\mathrm{d}x} g(x)$$

$$\frac{\mathrm{d}}{\mathrm{d}x}(af(x)) = a \frac{\mathrm{d}}{\mathrm{d}x} f(x) \tag{A.2.6}$$

第三个特性是与 x 无关的常数 a 的微分为 0。

$$\frac{\mathrm{d}}{\mathrm{d}x} a = 0 \tag{A.2.7}$$

※ 这些特性都可以从使用了 h 的微分的定义实际地推导出来。本书省略
　了推导过程。如果大家有兴趣，请查找相关资料，或者亲自对表达式
　变形，挑战一下推导的过程。

通过组合这些特性，即便是多项式也可以简单地进行微分。下面来看一
些例子。

$$\frac{\mathrm{d}}{\mathrm{d}x}5 = 0 \quad \cdots\cdots 使用 \text{ A.2.7}$$

$$\frac{\mathrm{d}}{\mathrm{d}x}x = \frac{\mathrm{d}}{\mathrm{d}x}x^1 = 1 \cdot x^0 = 1 \quad \cdots\cdots 使用 \text{ A.2.5}$$

$$\frac{\mathrm{d}}{\mathrm{d}x}x^3 = 3x^2 \quad \cdots\cdots 使用 \text{ A.2.5}$$

$$\frac{\mathrm{d}}{\mathrm{d}x}x^{-2} = -2x^{-3} \quad \cdots\cdots 使用 \text{ A.2.5}$$

$$\frac{\mathrm{d}}{\mathrm{d}x}10x^4 = 10\frac{\mathrm{d}}{\mathrm{d}x}x^4 = 10 \cdot 4x^3 = 40x^3 \quad \cdots\cdots 使用 \text{ A.2.6 和 A.2.5}$$

$$\frac{\mathrm{d}}{\mathrm{d}x}(x^5 + x^6) = \frac{\mathrm{d}}{\mathrm{d}x}x^5 + \frac{\mathrm{d}}{\mathrm{d}x}x^6 = 5x^4 + 6x^5 \quad \cdots\cdots 使用 \text{ A.2.6 和 A.2.5}$$

$$(\text{A.2.8})$$

另外，含有求和符号的表达式的微分在本书中也多次出现。对这种表达
式微分时，可以像下面这样交换求和符号和微分运算符的顺序。

$$\frac{\mathrm{d}}{\mathrm{d}x}\sum_{i=0}^{n} x^n = \sum_{i=0}^{n}\frac{\mathrm{d}}{\mathrm{d}x}x^n$$

$$(\text{A.2.9})$$

也就是说，把全部数据加起来之后再微分和把微分结果加起来是一样的。
这是利用表达式 A.2.6 的第一个特性就能推导出来的结果。如果读者有兴趣，
不妨在此稍作停留深入思考一下。

本书中的大多数微分利用了表达式 A.2.8 和 A.2.9 的特性，所以只要记住
这些就足够了。

A.3 | 偏微分

前面我们看到的函数 $f(x)$ 是只有一个变量 x 的单变量函数，不过在实际工作中还存在下面这种变量多于两个的多变量函数。

$$g(x_1, x_2, \cdots, x_n) = x_1 + x_2^2 + \cdots + x_n^n \qquad (A.3.1)$$

在机器学习的最优化问题中，有多少参数就有多少变量，所以目标函数正是这样的**多变量函数**。前面我们学习了使用微分，沿着切线的方向一点点移动参数的思路（参见 2.3.1 节），但是对于参数有多个的情况，每个参数的切线都不同，移动方向也不同。

所以对多变量函数微分时，我们只需关注要微分的变量，把其他变量都当作常数来处理。这种微分的方法就称为**偏微分**。

下面我们通过具体的例子来加深对它的理解。由于包含三个以上变量的函数不容易画成图，所以这里考虑有两个变量的函数的情况（图 A-3）。

$$h(x_1, x_2) = x_1^2 + x_2^3 \qquad (A.3.2)$$

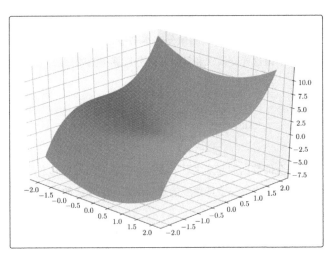

图 A-3

由于有两个变量，所以需要在三维空间内画图。图中左边向内延伸的轴是 x_1、右边向内延伸的轴是 x_2，高为 $h(x_1, x_2)$ 的值。接下来求这个函数 h 对 x_1 的偏微分。刚才介绍偏微分时说过，除了关注的变量以外，其他变量都作为常数来处理，换言之就是把变量的值固定。比如把 x_2 固定为 $x_2 = 1$，这样 h 就会变成只有 x_1 一个变量的函数（图 A-4）。

$$h(x_1, x_2) = x_1^2 + 1^3 \tag{A.3.3}$$

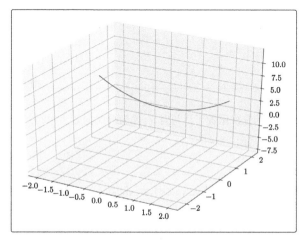

图 A-4

尽管图依然在三维空间内，但它看上去却是简单的二次函数了。由于常数的微分都是 0，所以 h 对 x_1 进行偏微分的结果是下面这样的。

$$\frac{\partial}{\partial x_1} h(x_1, x_2) = 2x_1 \tag{A.3.4}$$

另外要说明的是，虽然在偏微分时微分的运算符由 d 变为了 ∂，但是二者含义是相同的。接下来，我们基于同样的思路，考虑一下 h 对 x_2 的偏微分。比如将 x_1 固定为 $x_1 = 1$，那么 h 将成为只有 x_2 一个变量的函数（图 A-5）。

$$h(x_1, x_2) = 1^2 + x_2^3 \tag{A.3.5}$$

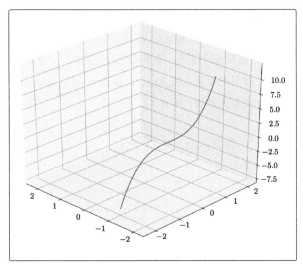

图 A-5

　　这次 h 变为简单的三次函数了。与对 x_1 偏微分时的做法相同，这次 h 对 x_2 偏微分的结果如下所示。

$$\frac{\partial}{\partial x_2}h(x_1, x_2) = 3x_2^2 \tag{A.3.6}$$

　　像这样只关注要微分的变量，将其他变量全部作为常数来处理，我们就可以知道在这个变量下函数的斜率是多少。考虑到可视化问题，这次我们用只有两个变量的函数进行了说明，但不管变量增加到多少，这个方法都是适用的。

A.4 | 复合函数

我们来考虑下面这两个函数 $f(x)$ 和 $g(x)$。

$$f(x) = 10 + x^2$$
$$g(x) = 3 + x \tag{A.4.1}$$

向 x 代入任意值，自然就会得出相应的输出值。

$$f(1) = 10 + 1^2 = 11$$
$$f(2) = 10 + 2^2 = 14$$
$$f(3) = 10 + 3^2 = 19$$
$$g(1) = 3 + 1 = 4$$
$$g(2) = 3 + 2 = 5$$
$$g(3) = 3 + 3 = 6 \tag{A.4.2}$$

上面我们向 x 代入了数字 1, 2, 3, 不过向 x 代入函数也可以进行计算。也就是说，我们可以实现下面这样的表达式。

$$f(g(x)) = 10 + g(x)^2 = 10 + (3 + x)^2$$
$$g(f(x)) = 3 + f(x) = 3 + (10 + x^2) \tag{A.4.3}$$

它们分别是 $f(x)$ 中出现 $g(x)$, 以及 $g(x)$ 中出现 $f(x)$ 的形式。像这样由多个函数组合而成的函数称为**复合函数**。在本书中，这种复合函数的微分会多次出现，所以建议大家熟悉复合函数及其微分方法。

比如复合函数 $f(g(x))$ 对 x 求微分的情况。直接看这个表达式不太好理解，我们可以像下面这样把函数暂时替换为变量。

$$y = f(u)$$
$$u = g(x) \tag{A.4.4}$$

这样一来，就可以分步骤进行微分。

$$\frac{\mathrm{d}y}{\mathrm{d}x} = \frac{\mathrm{d}y}{\mathrm{d}u} \cdot \frac{\mathrm{d}u}{\mathrm{d}x} \tag{A.4.5}$$

也就是说，把 y 对 u 微分的结果与 u 对 x 微分的结果相乘即可。我们实际微分一下试试。

$$\begin{aligned}
\frac{\mathrm{d}y}{\mathrm{d}u} &= \frac{\mathrm{d}}{\mathrm{d}u}f(u) \\
&= \frac{\mathrm{d}}{\mathrm{d}u}(10 + u^2) = 2u \\
\frac{\mathrm{d}u}{\mathrm{d}x} &= \frac{\mathrm{d}}{\mathrm{d}x}g(x) \\
&= \frac{\mathrm{d}}{\mathrm{d}x}(3 + x) = 1
\end{aligned} \tag{A.4.6}$$

每一部分的结果都算好后，剩下的就是相乘了。把 u 恢复为 $g(x)$ 就可以得到最终想要的微分结果。

$$\begin{aligned}
\frac{\mathrm{d}y}{\mathrm{d}x} &= \frac{\mathrm{d}y}{\mathrm{d}u} \cdot \frac{\mathrm{d}u}{\mathrm{d}x} \\
&= 2u \cdot 1 \\
&= 2g(x) \\
&= 2(3 + x)
\end{aligned} \tag{A.4.7}$$

在机器学习领域，对复杂的函数进行微分的情况很多，这时把函数当作由多个简单函数组合而成的复合函数再进行微分，就可以相对简单地完成处理。至于如何将函数分割为简单函数，大家可能慢慢才能掌握，但是记住复合函数的微分这一技巧是绝对有好处的。

A.5 | 向量和矩阵

在机器学习领域，为了更高效地处理数值计算，要用到向量和矩阵。对于学文科的人来说，也许知道向量，但很少有机会接触到矩阵吧？所以在这里，我们来了解一下二者的基础知识。

首先，**向量**是把数字纵向排列的数据结构，而**矩阵**是把数字纵向和横向排列的数据结构。二者分别呈现为下面这样的形式。

$$a = \begin{bmatrix} 3 \\ 9 \\ -1 \end{bmatrix}, \ A = \begin{bmatrix} 6 & 3 \\ 11 & 9 \\ 8 & 10 \end{bmatrix} \tag{A.5.1}$$

人们常用**小写字母**表示向量、**大写字母**表示矩阵，并且都用**黑体**，本书也遵循了这一习惯。另外，向量和矩阵的元素常带有下标，本书中也多次出现这种写法。

$$a = \begin{bmatrix} a_1 \\ a_2 \\ a_3 \end{bmatrix}, \ A = \begin{bmatrix} a_{11} & a_{12} \\ a_{21} & a_{22} \\ a_{31} & a_{32} \end{bmatrix} \tag{A.5.2}$$

上面的向量 a 是纵向 3 个数字的排列，所以是三维向量。矩阵 A 是纵向 3 个、横向 2 个数字的排列，所以它就是大小为 3×2（也可以称之为 3 行 2 列）的矩阵。如果把向量当作只有 1 列的矩阵，那么 a 就可以看作 3×1 的矩阵。本节后面的内容会把向量当作 $n \times 1$ 的矩阵进行说明。

矩阵分别支持和、差、积的计算。假如有以下两个矩阵 A 和 B，我们来分别计算一下它们的和、差、积。

$$A = \begin{bmatrix} 6 & 3 \\ 8 & 10 \end{bmatrix}, \ B = \begin{bmatrix} 2 & 1 \\ 5 & -3 \end{bmatrix} \tag{A.5.3}$$

和与差的计算并不难，只需将各个相应元素相加或相减即可。

$$A + B = \begin{bmatrix} 6+2 & 3+1 \\ 8+5 & 10-3 \end{bmatrix} = \begin{bmatrix} 8 & 4 \\ 13 & 7 \end{bmatrix}$$

$$A - B = \begin{bmatrix} 6-2 & 3-1 \\ 8-5 & 10+3 \end{bmatrix} = \begin{bmatrix} 4 & 2 \\ 3 & 13 \end{bmatrix}$$

(A.5.4)

积的运算有些特殊，所以这里会详细讲解它。计算矩阵的积时，需要将左侧矩阵的**行**与右侧矩阵的**列**的元素依次相乘，然后将结果加在一起。文字上的说明不容易理解，我们实际地计算一遍。矩阵的乘法是像下面这几张图这样计算的（图 A-6 ~ 图 A-9）。

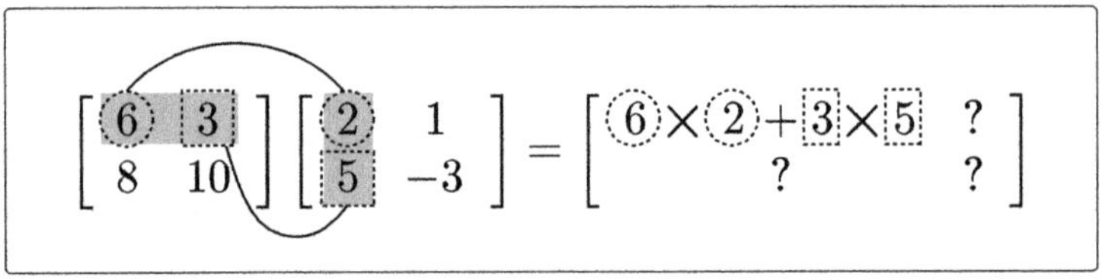

图 A-6

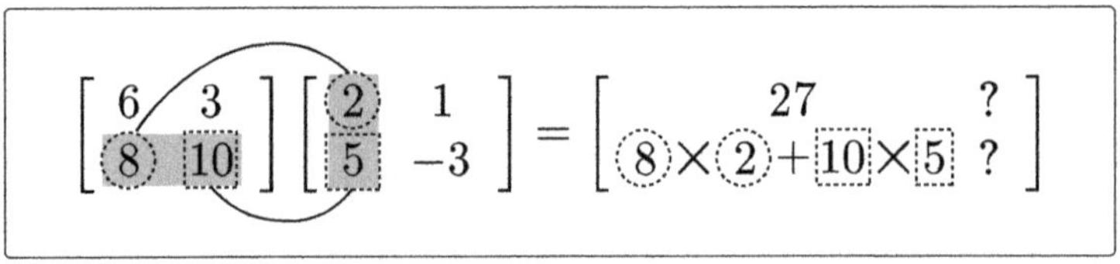

图 A-7

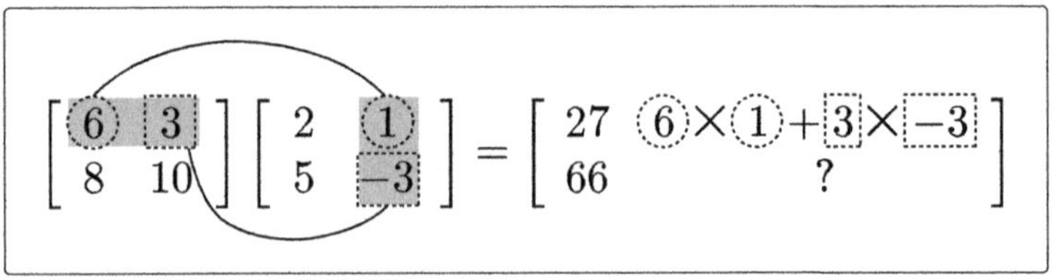

图 A-8

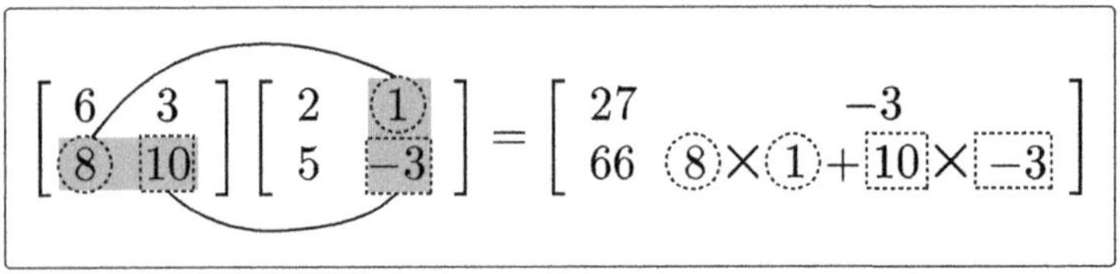

图 A-9

最终 A 和 B 的积如下所示。

$$AB = \begin{bmatrix} 27 & -3 \\ 66 & -22 \end{bmatrix} \tag{A.5.5}$$

矩阵中**相乘的顺序**是很重要的。一般来说，AB 和 BA 的结果是不同的（偶尔会出现结果相同的情况）。此外，**矩阵的大小**也很重要。在计算矩阵乘积时，左侧矩阵的列数与右侧矩阵的行数必须相同。由于 A 和 B 二者都为 2×2 的矩阵，所以满足这个条件。大小不匹配的矩阵之间的积未被定义，所以下面这种 2×2 和 3×1 的矩阵的积无法计算。

$$\begin{bmatrix} 6 & 3 \\ 8 & 10 \end{bmatrix} \begin{bmatrix} 2 \\ 5 \\ 2 \end{bmatrix} \tag{A.5.6}$$

最后我们来了解一下**转置**。这是像下面这样交换行和列的操作。本书在讲解时会在文字的右上角加上记号 T 来表示转置。

$$a = \begin{bmatrix} 2 \\ 5 \\ 2 \end{bmatrix}, \ a^{\mathrm{T}} = \begin{bmatrix} 2 & 5 & 2 \end{bmatrix}$$

$$A = \begin{bmatrix} 2 & 1 \\ 5 & 3 \\ 2 & 8 \end{bmatrix}, \ A^{\mathrm{T}} = \begin{bmatrix} 2 & 5 & 2 \\ 1 & 3 & 8 \end{bmatrix} \tag{A.5.7}$$

在计算向量的积时，经常会像下面这样将一个向量转置之后再计算。这与向量间内积的计算是相同的。

$$a = \begin{bmatrix} 2 \\ 5 \\ 2 \end{bmatrix}, \ b = \begin{bmatrix} 1 \\ 2 \\ 3 \end{bmatrix}$$

$$a^{\mathrm{T}}b = \begin{bmatrix} 2 & 5 & 2 \end{bmatrix} \begin{bmatrix} 1 \\ 2 \\ 3 \end{bmatrix}$$

$$= \begin{bmatrix} 2 \cdot 1 + 5 \cdot 2 + 2 \cdot 3 \end{bmatrix}$$

$$= \begin{bmatrix} 18 \end{bmatrix} \tag{A.5.8}$$

这样的例子会频繁出现，大家一定要熟悉矩阵的积和转置操作。

A.6 | 几何向量

　　在讲解回归的第 2 章中出现的向量,在讲解分类的第 3 章中又出现了。在分类中出现的向量的几何意义较强,而且向量之间的加减法、内积和法线等概念都出现了。忘了向量基础知识的读者,可以在这里一起来复习一下向量的几何意义。在分类那一章我们主要接触的是二维向量,所以这里讲解时用到的也全部是二维向量。

　　向量拥有大小和方向。在高中,我们学过像图 A-10 这样用箭头来表示的二维向量。

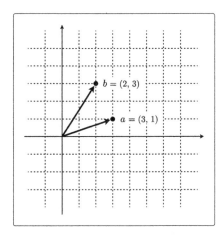

图 A-10

　　另外,向量可以写成下面这样纵向排列的形式。这样的向量被称为列向量。这个在回归那一章也出现过。

$$\boldsymbol{a} = \begin{bmatrix} 3 \\ 1 \end{bmatrix}, \ \boldsymbol{b} = \begin{bmatrix} 2 \\ 3 \end{bmatrix}$$

(A.6.1)

　　如果用几何语言表示向量的加法和减法,那么加法是让箭头相连,而减法是逆转向量的方向之后再让箭头相连(图 A-11)。

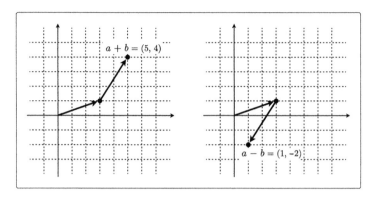

图 A-11

这个计算在代数上只是做了向量中各元素的相加和相减而已。

$$\boldsymbol{a} + \boldsymbol{b} = \begin{bmatrix} 3 \\ 1 \end{bmatrix} + \begin{bmatrix} 2 \\ 3 \end{bmatrix} = \begin{bmatrix} 3+2 \\ 1+3 \end{bmatrix} = \begin{bmatrix} 5 \\ 4 \end{bmatrix}$$

$$\boldsymbol{a} - \boldsymbol{b} = \begin{bmatrix} 3 \\ 1 \end{bmatrix} - \begin{bmatrix} 2 \\ 3 \end{bmatrix} = \begin{bmatrix} 3-2 \\ 1-3 \end{bmatrix} = \begin{bmatrix} 1 \\ -2 \end{bmatrix} \tag{A.6.2}$$

　　既然向量之间存在和与差，那么向量之间的积呢？向量之间的积确实也存在，但是它不像和与差那样简单，不是元素之间相乘就行了。关于向量之间的积，存在称为内积的定义。内积是向量间定义的一种积运算，对于二维向量来说，可以用下面的表达式来计算。

$$\boldsymbol{a} \cdot \boldsymbol{b} = a_1 b_1 + a_2 b_2 \tag{A.6.3}$$

上一小节在讲解表达式 A.5.8 时，提到过将一个向量转置之后再计算积的做法与内积的计算相同。从这里就可以看出，两个表达式确实是相同的。下面具体地计算一下 $\boldsymbol{a}$ 和 $\boldsymbol{b}$ 的内积。

$$\boldsymbol{a} \cdot \boldsymbol{b} = 3 \cdot 2 + 1 \cdot 3 = 9 \tag{A.6.4}$$

计算结果为 9。像这样，计算向量内积之后得到的已经不是向量，而是普通的数字（大小）了。这种普通数字有一个稍微生僻一点的叫法——**标量**。所以内积也可以被称为**标量积**。另外，由于内积的运算符号不是乘法符号"×"，而是点"·"，所以有时它也被称为点积。

另外，假设向量 a 和 b 之间的夹角为 θ，那么内积也可以这样表示（图 A-12）。

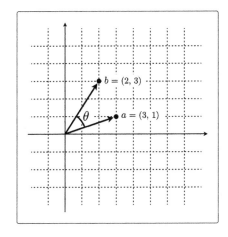

图 A-12

$$a \cdot b = |a| \cdot |b| \cdot \cos\theta \tag{A.6.5}$$

这里出现的 $|a|$ 表示向量的长度。假如有向量 $a = (a_1, a_2)$，那么向量长度可以如下定义。

$$|a| = \sqrt{a_1^2 + a_2^2} \tag{A.6.6}$$

由于这是把向量的元素分别平方之后再相加而得到的结果，所以必定为大于 0 的数。这一点很重要，请务必牢记。

另外，cos 是三角函数的一种，也被称为余弦函数等。这里就不详细展开介绍三角函数了，不过回忆起 cos 函数的图形就可以很轻松地从图形的角度解释向量内积，所以在这里我们先争取做到这一点。设 θ 为横轴、$\cos\theta$ 为纵轴，那么 cos 函数的图形如图 A-13 所示。它在正文中也出现过。

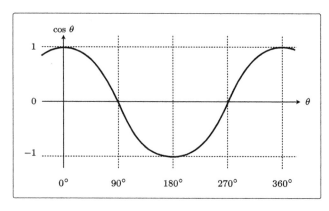

图 A-13

这是一个非常光滑的图形。它的特点是在 θ 为 90° 和 270° 时 $\cos\theta = 0$，$\cos\theta$ 的符号以这两个点为界限发生变化。这个特点在解释向量的几何意义时经常使用，请牢记。

最后，让我们了解一下法线。它在用感知机寻找分类数据的分界直线时出现过。法线向量指的是与某条直线相垂直的向量（图 A-14）。

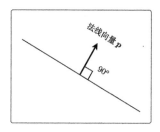

图 A-14

假设图中直线的表达式为 $ax + by + c = 0$，那么这时的法线向量 $\boldsymbol{p}$ 为 $\boldsymbol{p} = (a, b)$。

A.7 | 指数与对数

在计算联合概率或似然时，人们经常会采用**取对数**的操作。这个**对数**到底是什么呢？这里我们来简单地了解一下。

首先，在思考什么是对数之前，我们先来看一下**指数**。知道指数的人应该很多，它附着在数字的右上角，表示要求这个数字的几次方。

$$x^3 = x \cdot x \cdot x$$

$$x^{-4} = \frac{1}{x^4} = \frac{1}{x \cdot x \cdot x \cdot x} \tag{A.7.1}$$

指数具有以下性质，这些性质被称为**指数法则**。

$$a^b \cdot a^c = a^{b+c}$$

$$\frac{a^b}{a^c} = a^{b-c}$$

$$(a^b)^c = a^{bc} \tag{A.7.2}$$

右上角的指数部分是普通数字的情况很常见，而如果指数部分是变量，那么此时函数就成为了**指数函数**，其形式是这样的（$a > 1$ 的情况）（图 A-15）。

$$y = a^x \tag{A.7.3}$$

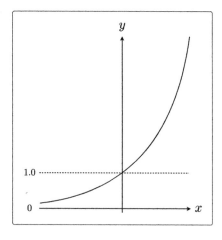

图 A-15

指数函数的逆函数是**对数函数**，它使用 log 来表示。

$$y = \log_a x \tag{A.7.4}$$

逆函数指的是某个函数交换 x 和 y 之后的函数。它的图形是将原函数先顺时针旋转 90 度，再左右翻转后的图形。设横轴为 x、纵轴为 y，那么实际的对数函数的图形就是这样的（$a > 1$ 的情况）（图 A-16）。

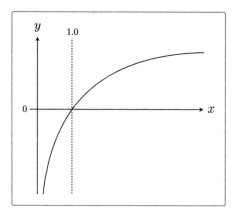

图 A-16

我们可以把它理解为 a 的 y 次方是 x 的意思。虽然有些不太容易理解，但它正好是刚才 $y = a^x$ 中 x 和 y 交换后的形式。表达式 A.7.4 中 a 的部分被称为**底**，其中以自然常数（用 e 表示的值为 2.7182... 的常数）为底的对数被称为**自然对数**。在自然对数中常常会像下面这样省略底，将对数简单地写为 log 或者 ln 的形式。

$$y = \log_e x = \log x = \ln x \tag{A.7.5}$$

对数函数具有以下性质，这些性质都很常用，建议大家记住它们。

$$\log e = 1$$
$$\log ab = \log a + \log b$$
$$\log \frac{a}{b} = \log a - \log b$$
$$\log a^b = b \log a \tag{A.7.6}$$

> ※ 对数函数的性质可以使用指数法则进行推导。本书省略了推导过程，如果大家有兴趣，请查找相关资料，或者亲自对表达式变形，挑战一下推导的过程。

此外对数函数的微分也是很常见的，这里也来介绍一下。底为 a 的对数函数的微分如下所示。

$$\frac{\mathrm{d}}{\mathrm{d}x} \log_a x = \frac{1}{x \log a} \tag{A.7.7}$$

尤其是底为 e 的自然对数具有 $\log e = 1$ 的特点，其微分结果如下所示，非常简洁。建议大家先记住这个表达式。

$$\frac{\mathrm{d}}{\mathrm{d}x} \log_e x = \frac{1}{x} \tag{A.7.8}$$

※ 对数的微分也可以使用微分的定义来推导。与对数的性质一样，本书省略了它的推导过程，如果大家有兴趣，请挑战一下推导的过程。

A.8 | Python 环境搭建

Python 是众多编程语言中的一种，是全世界所有人都可以免费使用的开源软件。它具有简单的结构，用它编写的代码无须编译，可以立即执行。由于这些方便简单的特性，Python 非常受初学者的喜爱。

此外，Python 在数据科学和机器学习领域的**库**尤其丰富，它是最适合这些领域的开发语言。不仅仅是初学者，这些领域的专家也经常使用它。

本书实践理论时，使用的编程语言也是 Python。下面我们就来看一下 Python 从安装到应用的步骤。

本书使用的是 Python 3 系列的版本。在本书执笔时的 2017 年 8 月，3.6.2 是最新的版本。MacOS 和 Linux 发行版一般会预装 Python，但是预装的版本基本上是 2 系列。建议大家不要使用预装的版本，而是另行安装 3 系列的版本。

另外，有些读者使用的是 Windows 操作系统。Windows 默认不预装 Python，所以需要自己安装。当然，已经拥有了 Python 3 环境的读者可以跳过这步。

A.8.1 | 安装 Python

对于想要在数据科学或机器学习领域使用 Python 的读者，我推荐非常方便的 **Anaconda**。Anaconda 会在安装 Python 的同时，也安装便于数据科学和机器学习开发的库。所以，如果想要尝试本书中刊载的示例程序，那么在安装后立即就可以进入开发状态。

如前所述，本书使用的是 Python 3 系列，所以安装 Anaconda 时也要选择 3 系列的。Anaconda 的安装程序可以在 Anaconda 的官网上下载。官网上提供了 Windows/MacOS/Linux 各平台的安装程序。其中 Windows 和 MacOS 的安装程序都提供了 GUI 图形界面，所以大家可以遵照界面向导进行安装，而在 Linux 上的安装要从命令行执行安装命令。

关于详细的安装方法，大家可查看下载页面中的安装文档。基本上，遵照界面向导选择默认选项即可完成安装。如果安装过程中出现问题导致安装不能继续进行，请参考安装文档页面。

安装过程中，界面上会出现是否在环境变量 PATH 里增加 Anaconda 的选项，请勾选。

Anaconda 发行版安装结束后，为了确认 Python 的版本，请在终端程序或命令提示符中输入 "python -version"。

■ 在终端程序或命令提示符中输入（示例代码：A-8-1）

```
$ python --version ········ 不要输入 "$"，输入该符号右侧的部分
Python 3.6.1 :: Anaconda 4.4.0 (64-bit)
```

Python 和 Anaconda 后面的版本数字会随着安装版本的不同而不同，但只要显示了类似的结果，就说明环境可以正常执行。如果安装已完成却没有像这样显示结果，那么请尝试登出再登录、重新启动终端，或者重启计算机等操作。

A.8.2 | 执行 Python

Python 的执行方法大体上可以分为两种。一种是在对话式的**交互式环境**上执行，另一种是执行在 **.py 文件**中编写的内容。本书在讲解过程中主要采用了前一种在交互式环境上执行的方法。

交互式环境也被称为交互式 shell 或者对话模式，允许开发者像在与 Python 对话一样进行编程。在终端或者命令提示符输入 "Python" 即可启动它。

■ **在终端程序或命令提示符中输入（示例代码：A-8-2）**

```
$ python ········· 不要输入"$"，输入该符号右侧的部分
Python 3.6.1 |Anaconda 4.4.0 (64-bit)| (default, May 11 2017, 13:09:58)
[GCC 4.4.7 20120313 (Red Hat 4.4.7-1)] on linux
Type "help", "copyright", "credits" or "license" for more information.
>>> ········· 出现">>>"就意味着进入了接受 Python 程序的状态
```

进入交互式环境之后，一眼就能看到在行前的">>>"记号，我们在这个记号之后输入 Python 程序。另外，输入 quit() 可以退出交互式环境。

本书出现的 Python 源代码中，前面有">>>"或者"…"的就是在交互式环境执行的代码。请大家一定要亲自启动交互式环境，一边执行源代码一边查看结果。

另外，我从那些在交互式环境中依次执行的源代码中，抽取并汇总了真正需要的代码，本书将它们作为示例代码进行了公开。大家可以下载这些代码，然后使用 Python 执行并查看结果，所以请像下面这样，在 python 命令后指定 Python 的文件名来执行程序。而且在执行之前，不要忘记移动到 .py 文件所在的目录。

■ **在终端程序或命令提示符中输入（示例代码：A-8-3）**

```
$ cd /path/to/downloads ········· 输入 .py 文件所在的目录，移动到那里
$ python regression1_linear.py ········· 执行「regression1_linear.py」
```

A.9 | Python 基础知识

本小节将向没有用过 Python 的读者介绍一下 Python 程序的基本语法。不过本书不是 Python 的入门书籍，这里只涉及最小范围的内容，目的是能够让大家理解在第 5 章实现的 Python 程序。因此这里不会介绍所有的知识，如果读者想进一步加深理解，推荐大家上网查找资料或者阅读 Python 的入门书籍。

下面我们就一起通过实践来学习 Python 吧。首先请在终端或命令提示符中输入 Python（参考附录 A.8），启动交互式环境。

A.9.1 | 数值与字符串

Python 可以处理整数和浮点数，可以通过 "+" "-" "*" "/" 对它们进行四则运算。此外，还可以通过 % 求余数，通过 "**" 进行幂运算。

■ 以下全部通过 Python 交互式环境执行（示例代码：A-9-1）

```
>>> 0.5 ------- 不要输入 ">>>"，输入该符号右侧的部分。余同。
0.5
>>> 1 + 2
3
>>> 3 - 4
-1
>>> 5 * 6
30
>>> 7 / 8
0.875
>>> 10 % 9
1
>>> 3 ** 3
27
```

Python 还支持**指数记数法**，写法如下。

■ 示例代码：A-9-2

```
>>> # 下面这行与"1.0 * 10 的 -3 次幂"的含义相同。以 # 开始的行是注释。
>>> 1e-3
0.001
>>>
>>> # 下面这行与"1.0 * 10 的 3 次幂"的含义相同。
>>> 1e3
1000.0
```

这里的代码中出现了 # 号，Python 把 # 之后的代码视为**注释**。Python 会忽略注释，所以注释不会对程序产生影响。对程序中不易理解的部分的意图和背景等进行说明时可以使用它。本书在很多示例代码中加入了注释，不过大家在使用交互式环境时一般不需要输入注释。

另外，Python 会将文字用**单引号**或者**双引号**围起来表示字符串。我们可以使用"+"和"*"运算符进行字符串的连接以及重复输出。

■ 示例代码：A-9-3

```
>>> 'python'
'python'
>>> "python"
'python'
>>> 'python' + '入门'
'python入门'
>>> 'python' * 3
'pythonpythonpython'
```

A.9.2 | 变量

在使用数值或字符串时给它们起好名称，之后就可以通过名称再次使用它们。这样的结构称为**变量**。可以像下面的代码一样，将数值或字符串代入到变量里使用。变量之间的运算结果可以再次赋值给变量保存，大家可以在需要的时候利用这个特性。

■ 示例代码：A-9-4

```
>>> # 将数值赋值给变量，求它们的和
>>> a = 1
>>> b = 2
>>> a + b
3
>>> # 将a与b的和进一步赋值给变量c
>>> c = a + b
>>>
>>> # 利用变量重复输出字符串
>>> d = 'python'
>>> d * c
'pythonpythonpython'
```

另外，变量的四则运算和省略写法如下所示。这些能让程序看起来简洁的写法很常用，请一并记住。

■ 示例代码：A-9-5

```
>>> a = 1
>>>
>>> # 与a = a + 2含义相同
>>> a += 2
>>>
```

```
>>> # 与 a = a - 1 含义相同
>>> a -= 1
>>>
>>> # 与 a = a * 3 含义相同
>>> a *= 3
>>>
>>> # 与 a = a / 3 含义相同
>>> a /= 3
```

A.9.3 | 真假值与比较运算符

Python 中有表示**真假值**的值 True 和 False。

True 表示真、False 表示假，这两个值也被叫作布尔值，后面要介绍的流程控制语法也会用到这两个值，所以一定要记住它们。

■ 示例代码：A-9-6

```
>>> # 1 与 1 相等吗?
>>> 1 == 1
True
>>>
>>> # 1 与 2 相等吗?
>>> 1 == 2
False
```

像这样比较两个值之后的结果是否正确就由真假值来表示。上述示例中出现的"=="称为比较运算符，用于检查符号左侧和右侧的值是否相等。Python 的比较运算符包括"=="" != "">"">="" < "" <= "，它们分别有以下含义，请一边阅读注释一边了解其含义。

■ 示例代码: A-9-7

```
>>> # python2 与 python3 不等吗?
>>> 'python2' != 'python3'
True
>>>
>>> # 2 比 3 更大?
>>> 2 > 3
False
>>>
>>> # 2 大于 1 吗?
>>> 2 >= 1
True
>>>
>>> # 变量之间也可以比较
>>> a = 1
>>> b = 2
>>> # a 比 b 小吗?
>>> a < b
True
>>>
>>> # b 小于 2 吗?
>>> b <= 2
True
```

我们还可以对真假值应用 and 和 or 运算符。

and 只有在两个真假值都为 True 的情况下, 结果才为 True。

or 在两个真假值中任意一个为 True 的情况下, 结果为 True。我们通过例子来看一看实际结果。

■ 示例代码: A-9-8

```
>>> a = 5
>>>
>>> # a比1大，而且a比10小
>>> 1 < a and a < 10
True
>>>
>>> # a比3大，或者a比1小
>>> 3 < a or a < 1
True
```

A.9.4 | 列表

　　Python 中有一个称为**列表**的数据结构，使用该结构不仅能处理一个值，而且能够统一处理多个值。有些语言会称该数据结构为数组。后面介绍流程控制时也会用到列表，所以在这里我们来熟悉一下基本的列表操作方法。

■ 示例代码: A-9-9

```
>>> # 创建列表
>>> a = [1, 2, 3, 4, 5, 6]
>>>
>>> # 访问列表元素
>>> # （注意: 索引是从 0 开始的）
>>> a[0]
1
>>> a[1]
2
>>>
>>> # 在索引上加入负号，可以从后面访问元素
```

```
>>> a[-1]
6
>>> a[-2]
5
>>>
>>> # 有一种使用“:”的被称为切片的方便写法
>>> # 获取指定范围的值
>>> a[1:3]
[2, 3]
>>>
>>> # 获取从第 2 个值开始到最后的所有值
>>> a[2:]
[3, 4, 5, 6]
>>>
>>> # 获取从开始到第 3 个值的所有值
>>> a[:3]
[1, 2, 3]
```

A.9.5 | 流程控制

  Python 程序基本上是按照书写顺序从上到下执行的，但我们也可以通过接下来要介绍的**流程控制**来实现条件分支和循环。

  使用流程控制时，我们以代码块为单位编写代码。其他编程语言多使用 { … } 或 begin … end 来表示代码块的开始和结束，而 Python 使用**缩进**来表示代码块。虽然 tab 制表符和半角空格都可以表示缩进，但是我建议大家尽可能避免使用 tab 制表符，而是使用 4 个半角空格。与其他语言相比，Python 中的缩进非常重要，缩进未对齐会导致错误，大家要小心。

  首先，我们通过 if 语句使用条件分支。如果在 if 之后的真假值是 True，那么这句后面的代码块会被执行，如果是 False，那么 Python 解释器会去看下一个 elif 的真假值。假如这里也是 False，那么最终 else 下面的代码块会被执行。我们来实际地确认一下。

■ 示例代码：A-9-10

```
>>> a = 10
>>>
>>> # 根据变量值能否被 3 或者 5 整除，打印不同的消息
>>> if a % 3 == 0:
...     print(' 能被 3 整除的数 ')
... elif a % 5 == 0:
...     print(' 能被 5 整除的数 ')
... else:
...     print(' 既不能被 3，也不能被 5 整除的数 ')
... ------- 在这里按 "Enter" 键
能被 5 整除的数
```

接下来，我们通过 for 语句进行循环处理。将列表传给 for，for 就会从列表中依次取出元素，并开始循环处理。我们来实际地确认一下。

■ 示例代码：A-9-11

```
>>> a = [1, 2, 3, 4, 5, 6]
>>>
>>> # 依次取出列表中元素并赋值给变量 i，然后输出值
>>> for i in a:
...     print(i)
... ------- 在这里按 "Enter" 键
1
2
3
4
5
6
```

此外，还有一种循环处理的语法：while 语句。只要 while 后面的表达式为 True，Python 解释器就会开始循环处理。

■ 示例代码：A-9-12

```
>>> a = 1
>>>
>>> # 只要a不大于5，进行循环处理
>>> while a <= 5:
...     print(a)
...     a += 1
... -------- 在这里按"Enter"键
1
2
3
4
5
```

A.9.6　函数

最后我们来学习**函数**。在 Python 中，只要把一段处理定义为函数，之后就可以在需要的时候调用它。我们使用 def 来定义函数，在 def 行下面的代码块就是函数的处理。与流程控制一样，函数中也用缩进来表示代码块，所以请注意缩进的对齐。

■ 示例代码：A-9-13

```
>>> def hello_python():
...     print('Hello Python')
... -------- 在这里按"Enter"键
>>> hello_python()
Hello Python
```

```
>>>
>>> # 函数也可以接受参数并返回值
>>> def sum(a, b):
...     return a + b
...  ┈┈┈┈ 在这里按“Enter”键
>>> sum(1, 2)
3
```

A.10 | NumPy 基础知识

NumPy 是面向数据科学的非常方便的库。尤其是 NumPy 专用的数组（被称为 ndarray）中有很多方法，非常方便。在机器学习实现的过程中，向量和矩阵的计算频繁出现，使用 NumPy 的数组可以提高处理效率。

这里以第 5 章实现的源代码中出现的 NumPy 功能为中心，对其基础部分进行讲解。NumPy 的功能非常多，这里无法一一介绍，推荐有兴趣的读者上网查找资料，或者阅读相关书籍。

默认情况下，NumPy 没有被预置在 Python 标准库里，所以需要先进行安装。不过，如果是通过附录 A.8 介绍的 Anaconda 发行版安装的 Python，那么 NumPy 会被预置在内，不需要另行安装。

如果没有通过 Anaconda 发行版安装 Python，那 NumPy 基本上不会被预置在内，需要使用包管理工具 pip 来安装。

■ 在终端程序或命令提示符中输入（示例代码：A-10-1）

```
$ pip install numpy
```

NumPy 准备好之后，我们就一起通过实践来掌握它吧。首先在终端程序或命令提示符中输入 Python，启动交互式环境。

A.10.1 | 导入

要想能在 Python 中使用 NumPy，首先需要导入 NumPy。具体方法是利用 import 语句，像下面这样进行导入。

■ 以下全部在 Python 交互式环境执行（示例代码：A-10-2）

```
>>> import numpy as np
```

这一行的意思是以 np 这一名称读取 numpy 库。以后通过 np 这个名称就可以使用 NumPy 的功能。后面的示例代码都以已经完成库的读取为前提执行。

A.10.2 | 多维数组

NumPy 的核心是表示多维数组的 ndarray。在示例代码 A-9-9 中，我们已经见过 Python 使用 ":" 这个方便的切片写法，而 NumPy 的多维数组也有几个访问元素的方便写法，下面以本书用到的写法为中心予以介绍。

■ 示例代码：A-10-3

```
>>> # 创建 3×3 的多维数组（矩阵）
>>> a = np.array([[1, 2, 3], [4, 5, 6], [7, 8, 9]])
>>> a
array([[1, 2, 3],
       [4, 5, 6],
       [7, 8, 9]])
>>>
>>> # 访问第 1 行第 1 列的元素
>>> #（注意：索引从 0 开始）
>>> a[0,0]
1
>>>
>>> # 访问第 2 行第 2 列的元素
>>> a[1,1]
5
>>>
>>> # 取出第 1 列
>>> a[:,0]
array([1, 4, 7])
>>>
```

```
>>> # 取出第 1 行
>>> a[0,:]
array([1, 2, 3])
>>>
>>> # 取出第 2 列和第 3 列
>>> a[:, 1:3]
array([[2, 3],
       [5, 6],
       [8, 9]])
>>>
>>> # 取出第 2 行和第 3 行
>>> a[1:3, :]
array([[4, 5, 6],
       [7, 8, 9]])
>>>
>>> # 取出第 1 行，并赋给变量
>>> b = a[0]
>>> b
array([1, 2, 3])
>>>
>>> # 也可以使用数组访问元素
>>> # 依次取出数组 b 的第 3 个和第 1 个元素
>>> c = [2, 0]
>>> b[c]
array([3, 1])
```

此外，还可以像下面这样访问多维数组的基本属性。

■ 示例代码：A-10-4

```
>>> # 创建 3×3 的多维数组（矩阵）
>>> a = np.array([[1, 2, 3], [4, 5, 6], [7, 8, 9]])
>>>
>>> # a 的维度。由于是矩阵，所以为二维
>>> a.ndim
2
>>>
>>> # a 的形状。由于是 3×3 矩阵，所以为 (3，3)
>>> a.shape
(3, 3)
>>>
>>> # a 的元素数。由于是 3×3，所以元素数为 9
>>> a.size
9
```

NumPy 的多维数组还支持数组间的**合并**。水平方向的合并使用 hstack，而垂直方向的合并使用 vstack。

■ 示例代码：A-10-5

```
>>> # 与 3×1 的数组横向合并
>>> a = [[1], [2], [3]]
>>> b = [[4], [5], [6]]
>>> np.hstack([a, b])
array([[1, 4],
       [2, 5],
       [3, 6]])
>>>
>>> # 与 1×3 的数组纵向合并
>>> a = [1, 2, 3]
```

```
>>> b = [4, 5, 6]
>>> np.vstack([a, b])
array([[1, 2, 3],
       [4, 5, 6]])
```

通过 NumPy，还可以像下面这样使用 T 来获得**转置**矩阵。

■ 示例代码：A-10-6

```
>>> # 创建3×3的多维数组（矩阵）
>>> a = np.array([[1, 2, 3], [4, 5, 6], [7, 8, 9]])
>>> a
array([[1, 2, 3],
       [4, 5, 6],
       [7, 8, 9]])
>>>
>>> # 对a转置
>>> a.T
array([[1, 4, 7],
       [2, 5, 8],
       [3, 6, 9]])
```

A.10.3 | 广播

NumPy 中有一个功能用于数组元素间运算，称为**广播**。通常 NumPy 数组之间做运算时，数组的形状必须一致，但是在两个数组形状不一致却有可能调整为一致时，该功能就会先调整再进行运算。文字的说明可能不容易理解，下面通过示例来演示这个功能。

```
>>> # 创建 3×3 的多维数组（矩阵）
>>> a = np.array([[1, 2, 3], [4, 5, 6], [7, 8, 9]])
>>>
>>> # 把 a 的所有元素加 10
>>> a + 10
array([[11, 12, 13],
       [14, 15, 16],
       [17, 18, 19]])
>>>
>>> # 把 a 的所有元素乘 3
>>> a * 3
array([[ 3,  6,  9],
       [12, 15, 18],
       [21, 24, 27]])
```

这段代码在内部把 10 或 3 这样的数值当作 3×3 矩阵来处理，然后对每个元素进行运算（图 A-17）。

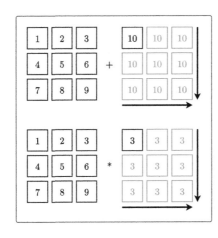

图 A-17

稍微提一句，这里的乘法运算不是矩阵的，而是每个元素的。这种对每个元素进行的运算被称为逐元素（element-wise）运算，矩阵的乘法与逐元素的乘法是不同的，这一点要注意。此外，还有这样的广播方式。

■ 示例代码: A-10-8

```
>>> # 分别把 a 的每一列乘以 2、3、4
>>> a * [2, 3, 4]
array([[ 2,  6, 12],
       [ 8, 15, 24],
       [14, 24, 36]])
>>>
>>> # 分别把 a 的每一行乘以 2、3、4
>>> a * np.vstack([2, 3, 4])
array([[ 2,  4,  6],
       [12, 15, 18],
       [28, 32, 36]])
```

这段代码在内部会像下面这样对数组进行扩展，然后对每个元素进行运算（图 A-18）。

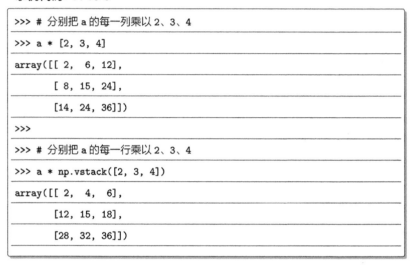

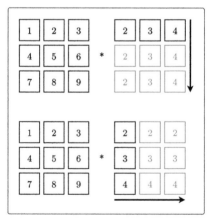

图 A-18